La microscopie

QUE SAIS-JE ?

La microscopie

MAURICE FRANÇON
Professeur émérite à l'Université Pierre-et-Marie-Curie
(Paris VI)

ISBN 2 13 041430 3

Dépôt légal — 1re édition : 1988, mai

108, boulevard Saint-Germain, 75006 Paris

INTRODUCTION

Dans l'Antiquité, les Egyptiens, les Grecs et les Romains savaient tailler et polir les cristaux et l'on a même trouvé des lentilles datant de plus de trois mille ans. Mais les surfaces étaient loin d'avoir les qualités optiques suffisantes pour révéler des détails nouveaux. C'est seulement au XIVe siècle que l'on a découvert une méthode convenable de travail des surfaces optiques. Les lois de l'optique étant inconnues, il a fallu attendre encore trois siècles pour que des loupes véritables soient utilisées pour voir les petits objets. Ces loupes n'entrèrent en usage qu'après l'invention des lunettes et des télescopes et c'est Anton Leenwenhoek (1632-1723) le premier, qui réussit à construire de très petites loupes permettant une ample moisson de découvertes qui étonnèrent le monde. Mais les possibilités d'une simple loupe aussi bien faite soit-elle sont limitées. Pour aller plus loin, c'est-à-dire pour grossir davantage les petits objets, Janssen avec son fils et Lippershey eurent l'idée dès 1600 non plus de regarder à la loupe un objet mais une image de celui-ci. On constitue donc un instrument en deux parties : un objectif qui donne de l'objet une image agrandie et un oculaire qui joue exactement le rôle d'une loupe et au travers duquel on observe l'image agrandie. Tel est le principe qui a conduit à la conception du microscope. Il existe actuellement une très grande variété de microscopes utilisant non seulement la lumière visible mais aussi d'autres radiations. Le microscope électronique peut fournir des images de détails beaucoup plus petits que ne le permet la lumière, mais l'étude des objets vivants ne lui est pas accessible. Le microscope optique conserve donc toute sa valeur, car ses applications sont différentes de celles du microscope électronique.

Dans ce livre, limité à la microscopie optique, nous décrivons d'abord dans les deux premiers chapitres la formation des images données par les lentilles, ce qui permettra de comprendre le mécanisme de la formation des images dans un microscope (chap. III). Naturellement la structure des objets eux-mêmes intervient dans le mode d'observation et les méthodes qui en découlent sont étudiées dans les chapitres IV et V. Enfin les techniques récentes faisant appel notamment au laser et à la vidéo sont abordées dans le dernier chapitre.

CHAPITRE PREMIER

FORMATION DES IMAGES PAR LES LENTILLES. ASPECT GÉOMÉTRIQUE

I. — La lentille simple

Le problème que nous nous posons est de savoir ce qui se passe lorsqu'un faisceau de rayons lumineux est reçu par une lentille. Tout le monde sait qu'il est facile d'allumer une cigarette en concentrant sur elle les rayons du soleil avec une lentille convergente.

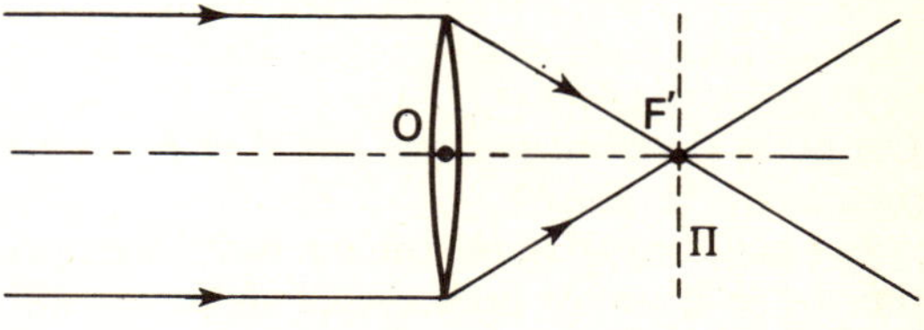

Fig. 1

Un faisceau de rayons parallèles converge au foyer F′ de la lentille convergente O

Cette expérience est représentée sur la figure 1. Le faisceau de rayons parallèles provenant du soleil converge en F′ après traversée de la lentille O. La distance OF′ est la focale de la lentille et F′ son foyer image. Si la distance OF′ est petite, par exemple quelques centimètres, l'image du soleil en F′ est pratiquement un point très lumineux. Imaginons que l'on éclaire la lentille O avec un faisceau divergent provenant du point F symétrique de F′ par rapport à la lentille supposée très mince (fig. 2). On constate que le faisceau émergeant est un faisceau de rayons parallèles. Le point F est le foyer objet de la lentille O.

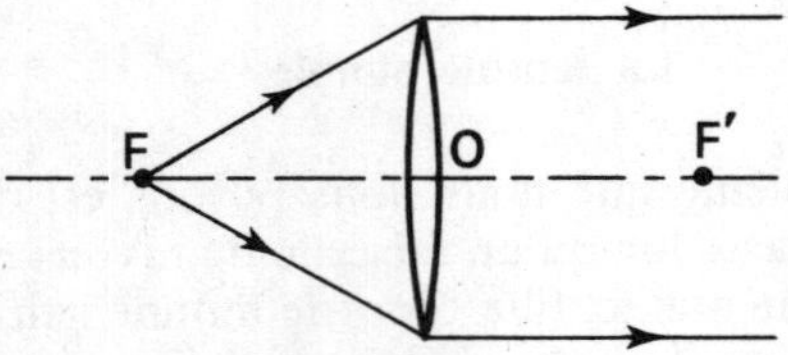

Fig. 2

Les rayons issus du foyer objet F forment un faisceau de rayons parallèles à la sortie de la lentille O

Les plans de front passant par F et F′ sont les plans focaux de la lentille.

Considérons maintenant un point lumineux A situé à une distance quelconque de la lentille (fig. 3). Pour trouver l'image A′ donnée par la lentille O, on peut considérer trois rayons : le rayon AI parallèle à l'axe de la lentille, le rayon AF qui passe par le

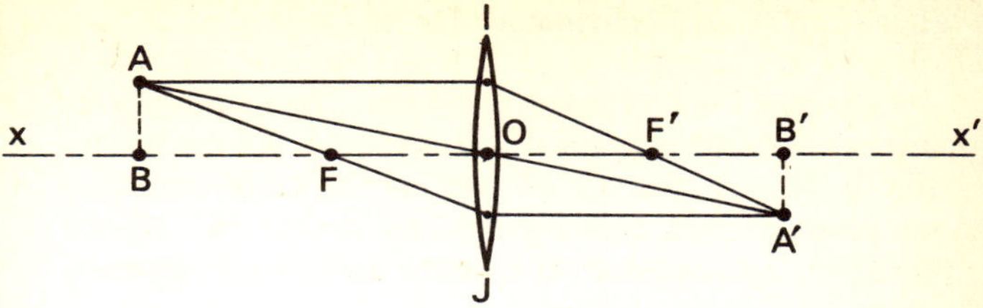

Fig. 3
Image A′ du point A donné par la lentille convergente O

foyer objet de la lentille et le rayon AO qui passe par le centre O de la lentille. Après traversée de la lentille le rayon AI passe par le foyer image F′, ce qui résulte de l'expérience de la figure 1. Le rayon AJ devient le rayon JA′ parallèle à l'axe de la lentille d'après la figure 2. L'intersection des deux rayons IF′ A et JA′ détermine la position de l'image A′. On peut aussi utiliser le rayon AO qui traverse la lentille sans déviation. Ces rayons permettent de trouver la position de l'image A′ quelle que soit la position du point A.

Dans le cas d'un objet étendu et non plus ponctuel, la position de l'image se détermine encore avec les rayons précédents. Par exemple (fig. 3), l'objet étendu AB a pour image A′ B′ parce que l'image B′ de B se trouve sur l'axe comme le point B et que la lentille étant supposée sans défaut l'image d'une droite AB perpendiculaire à l'axe xx' est aussi une droite perpendiculaire à l'axe xx'.

II. — L'œil humain et la loupe

Quoique l'œil humain soit loin d'être une lentille mince, on peut dire qu'il se comporte comme la lentille de la figure 3. La cornée est l'élément principal au point de vue convergence des rayons (fig. 4). Le cristallin agit comme un élément additionnel permet-

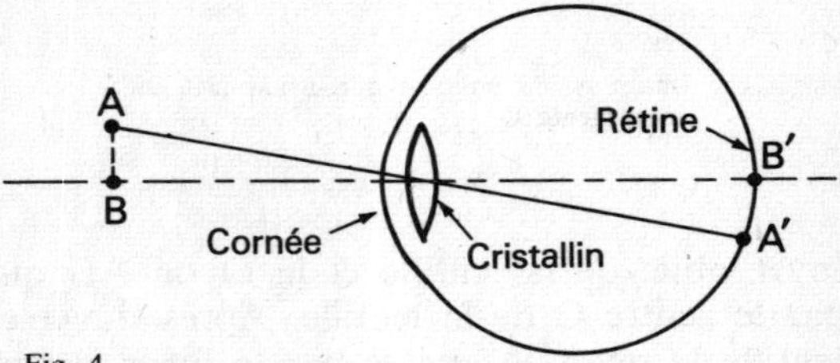

Fig. 4

Formation de l'image A′ B′ de l'objet AB par l'œil humain

tant de faire varier la convergence des rayons pour que l'image A′ B′ d'un objet AB puisse se former sur la rétine. Si l'objet AB se rapproche trop de l'œil on constate qu'à partir d'une certaine distance appelée distance du *punctum proximum* (environ 25 cm) l'image devient floue, car il y a une limite à la déformation du cristallin. Si on cherche à voir des détails plus fins en rapprochant l'objet, il faut interposer entre l'œil et l'objet une lentille convergente communément appelée loupe (fig. 5). Sur la figure 5 la cornée et le cristallin sont représentés schématiquement par une simple lentille O′. Plaçons l'objet AB au foyer objet de la loupe O. L'image que nous voyons est à

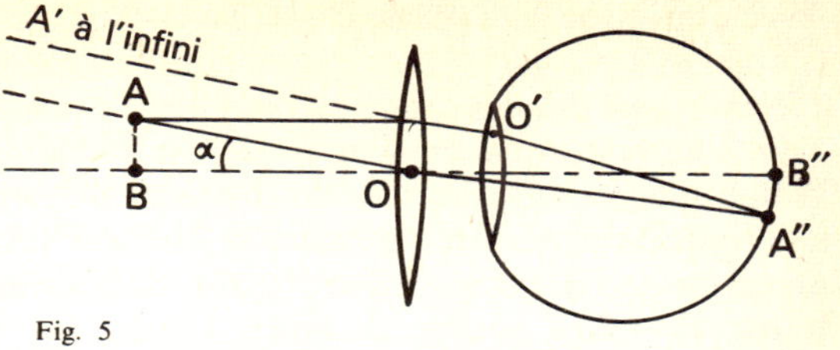

Fig. 5

Pour rapprocher l'objet AB de l'œil, il faut utiliser une lentille convergente O

l'infini et elle est vue sans accommoder par un œil normal. Un point A de l'objet a pour image A″ dans le plan focal de la lentille O′, c'est-à-dire sur la rétine. Tout se passe pour l'œil comme si les rayons qu'il reçoit provenaient d'un point A′ à l'infini dans une direction faisant l'angle α avec l'axe de la lentille O. L'objet AB, vu à travers la lentille, paraît donc à l'infini et il est vu sous l'angle α approximativement égal à AB/BO en supposant que l'angle α soit petit. Sans la loupe et l'objet AB placé au *punctum proximum*, c'est-à-dire à 25 cm de l'œil, celui-ci verrait (fig. 6) l'objet AB sous l'angle α′ égal à AB/BO′.

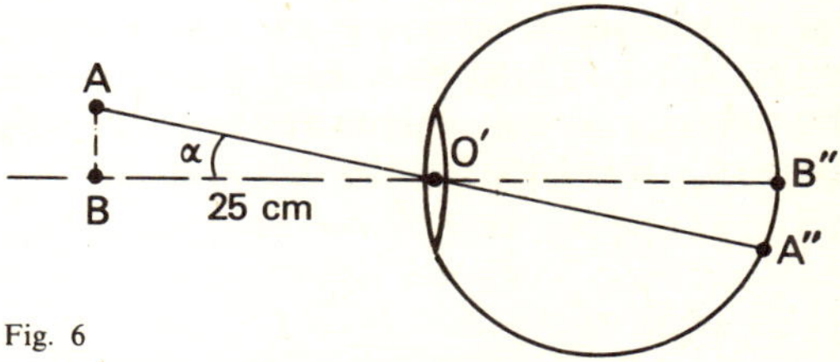

Fig. 6

Objet AB situé au *punctum proximum*

Avec une loupe de 5 cm de focale on voit que $\alpha' = 5\alpha$. L'objet AB est vu sous un angle cinq fois plus grand avec la loupe donc dans de bien meilleures conditions. Pour augmenter encore l'angle α il suffit de regarder la figure 5. Il faut diminuer la distance BO de l'objet à la loupe, c'est-à-dire diminuer la distance focale FO de la loupe (B est au foyer F). On doit utiliser une loupe de plus courte distance focale ou encore, comme disent les opticiens, de plus grande puissance. La puissance s'exprime en dioptries : c'est l'inverse de la focale exprimée en mètres. Une loupe puissante a donc une courte distance focale et en conséquence son diamètre est nécessairement petit. Contrairement à ce que l'on pourrait croire, les loupes les plus puissantes sont les plus petites et les grosses loupes grossissent peu. Le grossissement de la loupe est alors le rapport entre la distance du *punctum proximum*, distance minimum d'observation à l'œil nu (25 cm environ) et la distance focale de la loupe. Anton Leenwenhoek réussit à construire des loupes de distances focales comprises entre 5 et 1,3 mm correspondant à des grossissements de 50 à 190. Les plus puissantes avaient un diamètre de l'ordre de 0,5 mm. En fait, lorsque la loupe devient trop petite des phénomènes apparaissent qui perturbent les images (chap. II), si bien qu'il n'est pas possible de dépasser des grossissements de l'ordre de 100, c'est-à-dire des puissances de 400 dioptries.

III. — Structure de la lumière et chromatisme des lentilles

Dans ce qui précède nous avons considéré une lentille idéale qui fait converger en son foyer F′ un faisceau de rayons parallèles (fig. 1). En fait, ce n'est pas aussi simple dans la réalité et il nous faut d'abord préciser la structure de la lumière qui éclaire la lentille.

Pour les phénomènes que nous avons à étudier, on peut admettre que la lumière est une ondulation constituée par des vibrations électromagnétiques se propageant aussi bien dans le vide que dans l'air ou dans les milieux transparents. Une vibration se propage sous forme d'ondes qui partent du point d'où elles émanent. Ces vibrations sont périodiques, c'est-à-dire qu'elles se succèdent à une cadence régulière en donnant naissance chacune à une onde nouvelle. Les ondes se poursuivent donc régulièrement échelonnées et équidistantes. L'intervalle qui les sépare, comme l'intervalle qui sépare deux rides successives à la surface d'un bassin rempli d'eau, s'appelle la longueur d'onde de la lumière. La lumière dont la longueur d'onde est 0,55 μm (micromètre) donne à notre œil la sensation de couleur verte. La lumière dont la longueur d'onde est 0,65 μm nous donne la sensation de couleur rouge. Chaque couleur du spectre possède sa longueur d'onde qui est comprise entre 0,40 et 0,70 μm environ. La lumière blanche est un mélange des radiations de longueurs d'ondes comprises entre les deux valeurs précédentes. Considérons alors une lentille éclairée par un faisceau de lumière blanche (fig. 7). On suppose que la lentille a un dia-

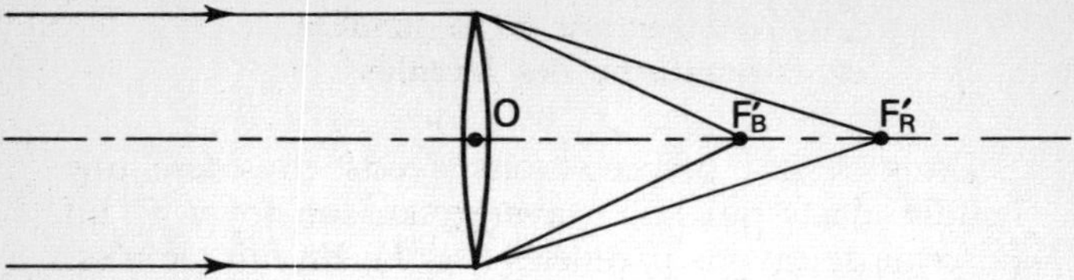

Fig. 7
Chromatisme longitudinal d'une lentille

mètre petit par rapport à sa focale. On constate que le faisceau lumineux ne converge pas en un point comme sur la figure 1. On observe une série continue d'images colorées. Le faisceau bleu de courte longueur d'onde converge au foyer F'_B qui est plus près de la lentille que le foyer F'_R correspondant à un faisceau de lumière rouge de plus grande longueur d'onde. Les foyers de longueur d'onde intermédiaire s'échelonnent entre F'_B et F'_R. Ce défaut est appelé aberration chromatique de la lentille. Il est dû à ce que l'indice de réfraction du verre de la lentille varie avec la longueur d'onde de la lumière. On corrige en grande partie ce défaut en adjoignant à la lentille convergente une lentille divergente faite d'un verre différent pour lequel le spectre est en sens contraire de celui de la lentille convergente. On arrive ainsi à obtenir la coïncidence des foyers pour deux longueurs d'onde, une rouge et une bleue par exemple. On a constitué ainsi un doublet achromatique (fig. 8). Les images des autres radiations ne coïncident pas avec les précédentes mais en sont très voisines. On améliore

Fig. 8
Doublet achromatique

encore cette correction partielle en utilisant trois lentilles de verres différents. Il est alors possible de faire coïncider les foyers de trois longueurs d'ondes. Des objectifs de ce type sont appelés apochromatiques. Au lieu de corriger le chromatisme d'une lentille pour son foyer, c'est-à-dire pour l'image d'un objet à l'infini, on peut le faire tout aussi bien pour un objet à distance quelconque (fig. 9). Le point lumineux A, situé à une distance quelconque de la lentille O, a deux images A'_R et A'_B correspondant aux deux radiations rouge et bleue. En utilisant un objectif achromatique, on peut faire coïncider ces deux images comme précédemment. Ce cas est justement celui d'un objectif de microscope comme nous le verrons.

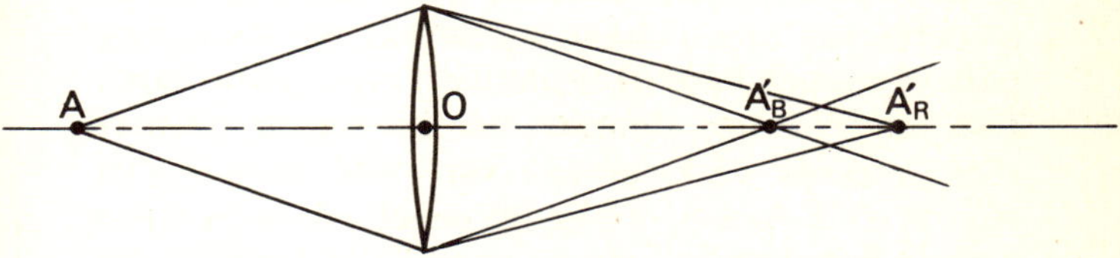

Fig. 9

Chromatisme d'une lentille pour un point objet situé à distance finie

IV. — **Aberrations géométriques des lentilles**

Etudions l'image d'une source ponctuelle A donnée par une lentille (fig. 10) lorsque la lumière employée est monochromatique, c'est-à-dire qu'elle ne com-

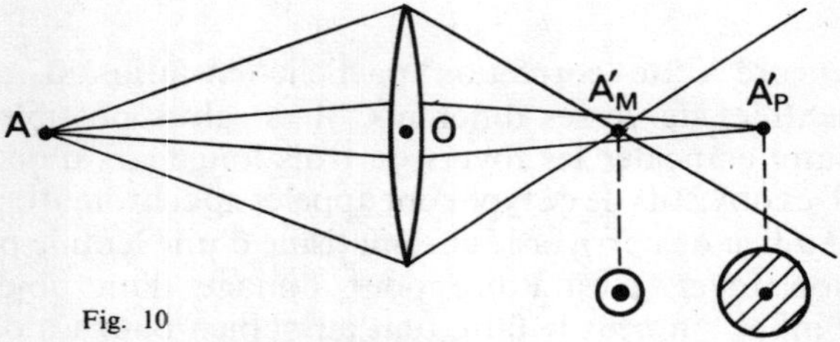

Fig. 10
Aberration sphérique d'une lentille

porte que des radiations d'une seule longueur d'onde. Il n'y a pas d'aberration chromatique mais d'autres défauts apparaissent en particulier si le rapport entre le diamètre de la lentille et sa focale n'est pas petit. On constate que les rayons marginaux passant près du bord de la lentille forment une image A'_M qui ne coïncide pas avec l'image A'_P donnée par les rayons passant près de l'axe de la lentille (rayons paraxiaux). Les autres images données par les rayons diversement inclinés s'échelonnent sur l'axe entre A'_P et A'_M. Il n'y a donc plus d'image ponctuelle mais divers aspects variables le long de l'axe de la lentille dont deux sont représentés sur la figure 10. Toutes les lentilles à faces sphériques présentent ce défaut d'où le nom d'aberration sphérique qui lui a été donné. Comme pour le chromatisme on peut corriger l'aberration sphérique à l'aide de deux lentilles. En choisissant convenablement ces deux lentilles on arrive à corriger à la fois le chromatisme et l'aberration sphérique.

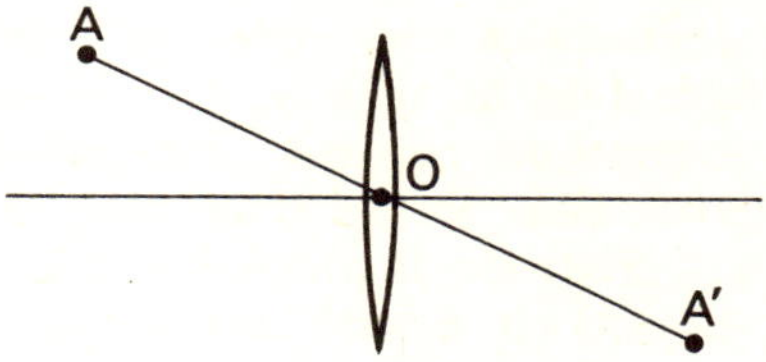

Fig. 11
Image d'un objet incliné sur l'axe

Au lieu d'étudier l'image d'un point lumineux situé sur l'axe de la lentille, examinons l'image d'un point en dehors de l'axe (fig. 11). On constate que l'image A′ est une tache dissymétrique en forme d'aigrette (fig. 12). Ce défaut s'appelle la « coma » et une condition célèbre dite « condition des sinus »

Fig. 12
Image d'un point en présence de coma

énoncée par Abbe donne la possibilité de corriger cette aberration. Finalement, avec un doublet composé de deux lentilles, on corrige le chromatisme, l'aberration sphérique et la coma. Dans ce cas on dit que l'objectif est stigmatique parce que l'aberration sphérique est corrigée et aplanétique, car la coma est aussi corrigée.

Ces trois aberrations sont celles qu'il importe le plus de corriger dans un objectif de microscope.

D'autres aberrations peuvent se manifester mais moins marquées dans le cas d'un objectif de microscope : l'astigmatisme, la distorsion et la courbure de champ. Lorsqu'on éclaire une lentille par un faisceau étroit incliné, on trouve deux positions de l'écran d'observation pour lesquelles la section du pinceau se réduit pratiquement à un petit segment de droite. Il n'y a aucune position de l'écran d'observation qui permette de trouver une image ponctuelle. On dit que la lentille présente de l'astigmatisme. L'image dont les dimensions sont minimales se forme sensiblement à égale distance de ces deux petits segments appelés « focales d'astigmatisme ». Cette image, qui a une forme circulaire, n'est pas dans le plan de front passant par l'image située au centre du champ. Le lieu de cette image, lorsqu'on fait varier l'inclinaison des rayons est une surface courbe : on dit qu'il y a « courbure de champ ». Pour avoir une image nette en passant du centre au bord du champ, il faut changer la mise au point de l'écran d'observation.

Au lieu d'observer un point lumineux, examinons l'image d'un quadrillage régulier situé dans un plan

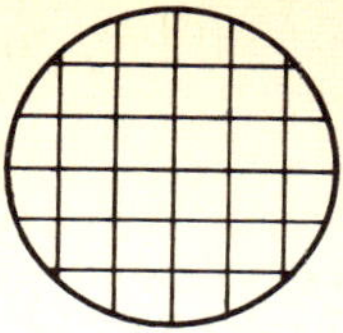

Fig. 13
Objet formé par un quadrillage régulier

de front (fig. 13). On observe une image déformée qui peut avoir l'aspect soit de la figure 14, soit de la figure 15. On dit que l'image présente de la distorsion.

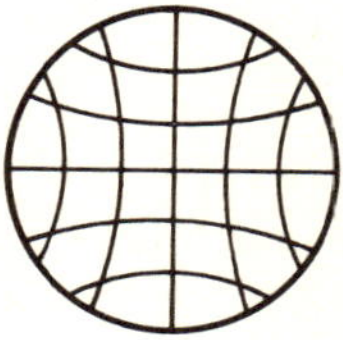

Fig. 14
Distorsion en coussinet

La figure 14 montre la distorsion en coussinet et la figure 15 la distorsion en barillet. Cette aberration affecte seulement la position des rayons, elle n'est pas relative au défaut de stigmatisme.

Fig. 15
Distorsion en barillet

CHAPITRE II

FORMATION DES IMAGES PAR LES LENTILLES. ASPECT PHYSIQUE

I. — Interférences de deux ondes

Reprenons l'expérience des rides à la surface d'un bassin rempli d'eau. Si on laisse tomber deux pierres (fig. 16) les deux systèmes de rides poursuivent leur

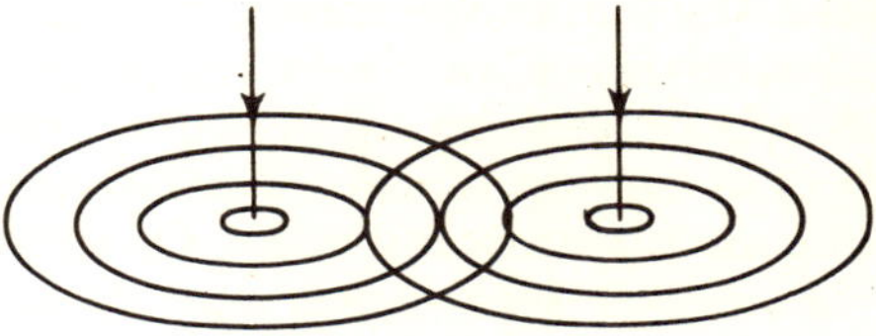

Fig. 16
Ondes à la surface d'un liquide

propagation circulaire même en se rencontrant. L'effet produit par chacun des deux systèmes de rides est le même que s'il était seul. Le déplacement vertical d'une particule flottante à un instant donné est la somme algébrique des déplacements verticaux qui seraient produits séparément à cet instant par les deux systèmes. Il faut noter que la particule s'élève et redescend lorsqu'elle est atteinte par les rides sans se déplacer dans la direction horizontale. Il y a des régions où une crête d'un système de rides coïncide avec une crête de l'autre système : l'élévation de la particule sera maximale. Les creux coïncident également et le déplacement vers le bas sera maximal. On dit que les deux systèmes de rides sont « en phase ». Dans une autre région une crête de l'un des deux systèmes peut coïncider avec un creux de l'autre système : les deux actions s'annulent et la particule ne subit aucun déplacement. On dit que les rides sont en opposition. En d'autres régions les oscillations résultantes auront des valeurs comprises entre les valeurs précédentes. On dit que les deux systèmes de rides ou encore les deux ondes de surface interfèrent. Dans le cas de la lumière on a des ondes non plus à deux dimensions mais des ondes à trois dimensions. Lorsque les ondes lumineuses émanent d'une source très petite, les ondes sont des sphères centrées sur la source ; ces sphères sont appelées surfaces d'ondes. Les rayons lumineux sont normaux aux surfaces d'ondes. On admet que les ondes lumineuses sont émises par trains d'ondes provenant des atomes de la source. Dans le cas des rides à la surface d'un liquide le train d'ondes est l'ensemble des rides. Il cesse au bout d'un certain temps. De même pour les ondes lumineuses : les trains d'ondes n'ont pas une durée illimitée. La durée des trains d'ondes émis par les atomes est le temps de cohérence de la lumière émise par la source. La longueur de cohérence est égale au produit du temps de cohérence par la vitesse de la lumière. C'est la distance parcourue par le train d'ondes avant qu'il ne cesse.

Produire des interférences en faisant tomber deux pierres dans l'eau est très facile. Produire des interférences avec deux sources lumineuses distinctes est pratiquement impossible. En effet, les atomes émettent des ondes complètement au hasard et pendant le temps nécessaire pour faire une observation, l'œil reçoit un nombre énorme de ces trains d'ondes. A un instant donné deux trains d'ondes peuvent être « en phase » comme les rides à la surface de l'eau, mais deux trains d'ondes émis plus tard n'ont aucune raison de se retrouver dans la même disposition. Tout changera d'un train d'ondes à un autre. L'œil reçoit une succession de phénomènes sans aucune relation les uns avec les autres. Dans ces conditions les phénomènes d'interférences disparaissent. Pour observer des interférences, il faut maintenir constante la différence de phase entre deux trains d'ondes quelconques. Il suffit pour cela que tous les trains d'ondes proviennent d'une source unique. On divise l'onde incidente provenant de la source en deux ondes qui, après avoir parcouru des chemins différents se superposent en donnant lieu à des phénomènes d'interférences. Ici la différence de phase entre deux trains d'ondes est indépendante du temps. Le phénomène est stable : il reste toujours le même, peu importe que les trains d'ondes soient émis à des intervalles de temps aléatoires, puisque les deux chemins suivis par les trains d'onde restent les mêmes.

Supposons qu'en un point quelconque de l'espace, deux trains d'ondes aient la disposition de la figure 17. Les deux trains d'ondes sont « en phase » et leurs

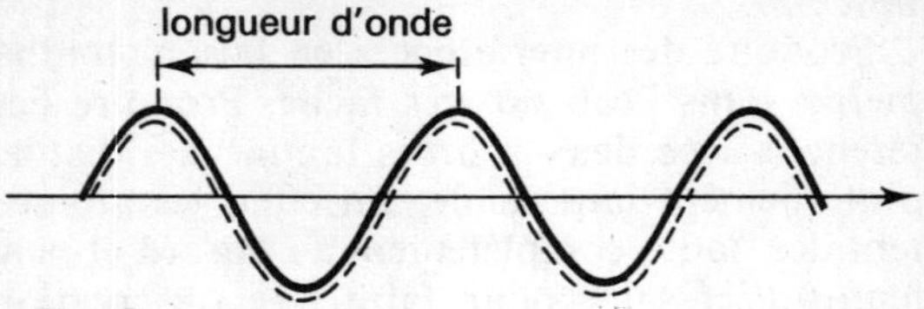

Fig. 17
Ondes en phase

actions se renforcent comme dans le cas des rides à la surface de l'eau. L'intensité lumineuse résultante est maximale. Si les deux trains d'ondes ont la disposition de la figure 18, leurs actions s'annulent et

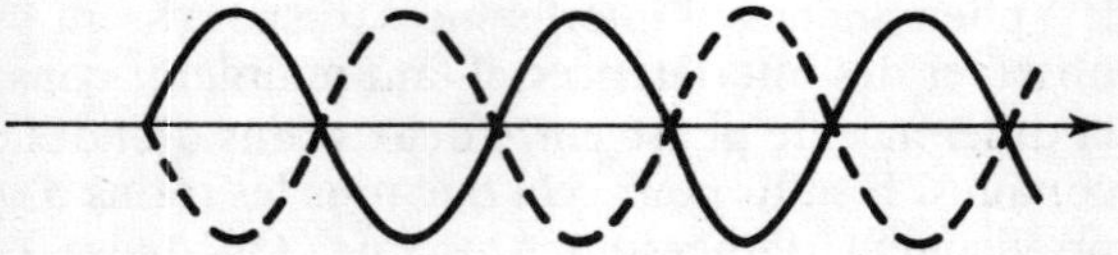

Fig. 18
Ondes en opposition

l'intensité lumineuse résultante est nulle (ondes en opposition). Nous avons pris l'exemple de deux trains d'ondes identiques mais pour des causes variées, ils peuvent ne pas avoir la même amplitude. Dans ce cas leurs actions ne s'annulent pas complètement lorsque les ondes sont en opposition. L'intensité lumineuse varie d'un point à un autre de l'espace mais tout l'ensemble reste stable et ne varie pas avec le temps. Si on observe les phénomènes sur un écran plan on voit des régions très éclairées et d'autres moins éclairées : on dit que l'on voit des franges d'interférences.

Il faut noter que l'utilisation d'une seule source ne suffit pas pour observer des interférences. En effet si la différence des deux chemins suivis par les trains d'ondes est plus grande que la longueur de cohérence, il n'y a plus d'interférences. Deux trains d'ondes qui se superposent proviennent alors de deux trains d'ondes émis à des instants différents et nous sommes ramenés au cas de deux sources lumineuses distinctes. La différence entre les deux chemins suivis par les trains d'ondes doit être plus petite que la longueur de cohérence.

Il existe des sources lumineuses, des lasers, dont les ondes ont un temps de cohérence assez long pour qu'il soit possible d'observer les phénomènes pendant la durée des trains d'ondes. On peut alors voir des interférences avec deux lasers mais l'expérience reste encore très difficile.

II. — **Les sources lumineuses**

Les sources lumineuses appartiennent à trois catégories principales : les sources thermiques, les sources à décharge et les lasers.

En microscopie, on utilise le plus souvent les sources

thermiques. Ces sources sont constituées par un corps porté à haute température et qui émet un rayonnement réparti de façon continue sur toutes les longueurs d'onde (spectre continu) : elles émettent de la lumière blanche. Les sources à décharge n'émettent de rayonnement que sur des longueurs d'ondes particulières : on dit qu'elles émettent un spectre de raies.

On explique l'émission de la lumière en admettant que l'atome ne peut exister que dans des états bien définis appelés états stationnaires. A ces états stationnaires correspondent des niveaux d'énergie E_1, E_2... (fig. 19). Lorsque l'atome passe d'un niveau d'énergie E_2 à un niveau plus bas, il y a émission

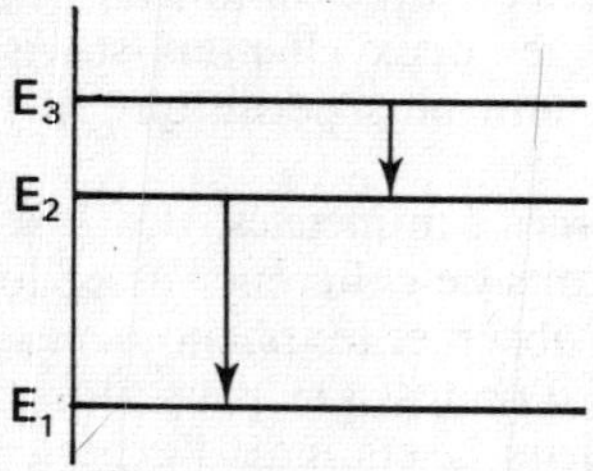

Fig. 19
Niveaux d'énergie d'un atome

de lumière. On dit qu'il y a émission d'un photon associé à une onde de longueur d'onde déterminée qui dépend de la différence $E_2 — E_1$. Ce processus est pratiquement celui de toutes les sources lumineuses. Par exemple, dans une lampe électrique, les atomes sont excités par la chaleur produite par le passage du courant électrique. En revenant à des états de plus basse énergie, ils émettent sous forme de lumière l'énergie qu'ils avaient absorbée.

Il existe un autre type d'émission lumineuse particulièrement intéressant : l'émission stimulée. Lorsqu'un atome se trouve au niveau excité E_2, un photon incident dont l'énergie est égale à $E_2 - E_1$ peut forcer l'atome à revenir au niveau E_1. L'atome émet alors un photon d'énergie $E_2 - E_1$ et le fait remarquable est que les deux ondes associées à ces deux photons sont « en phase ». Ce phénomène constitue le principe de base du laser. Un laser est alors constitué par un milieu dans lequel il y a beaucoup plus d'atomes au niveau excité E_2 qu'au niveau de plus basse énergie E_1. Un photon incident provoque alors l'émission stimulée d'un très grand nombre d'atomes. Les ondes associées aux photons émis sont en phase avec les ondes associées aux photons incidents. Toutes ces ondes se renforcent d'où une onde résultante d'intensité lumineuse considérable. Il y a émission de rayonnement sur une longueur d'onde particulière. La lumière émise par un laser est donc monochromatique et intense.

Il existe de nombreux types de lasers, les lasers à solides, à gaz, à colorants, à semi-conducteurs, etc. Le faisceau lumineux qui sort d'un laser est un faisceau de rayons presque parallèles. Dans un laser à gaz hélium-néon, le faisceau a un diamètre de l'ordre de 3 mm à la sortie du laser et n'augmente que de 5 à 6 mm à une distance de 50 m. Le faisceau a donc un bon parallélisme. Quant à la longueur de cohérence, elle peut être très grande : avec un laser hélium-néon stabilisé elle peut atteindre 10 km. Les longueurs de cohérence des sources classiques les plus monochromatiques n'atteignent pas le mètre.

III. — Image d'une source ponctuelle donnée par une lentille parfaite

Dans le chapitre Ier, la formation des images a été considérée du point de vue seul de l'optique géométrique. En fait, les choses ne sont pas aussi simples. Lorsqu'une lentille ou un objectif, par exemple un objectif de microscope est éclairé par une source ponctuelle, l'image est toujours une petite tache plus ou moins étendue, même si l'objectif est parfaitement corrigé des aberrations. Considérons un objectif O

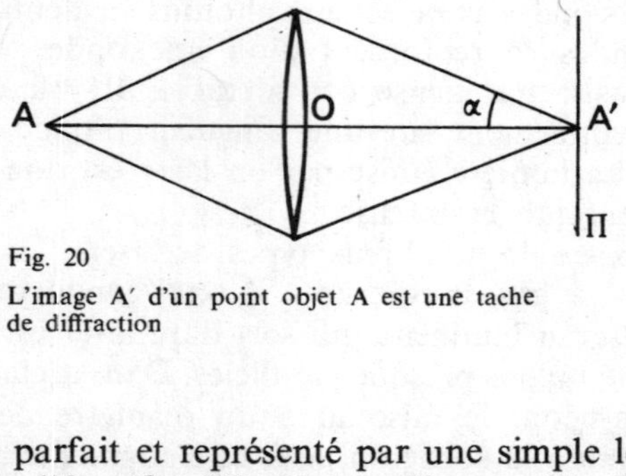

Fig. 20

L'image A' d'un point objet A est une tache de diffraction

supposé parfait et représenté par une simple lentille pour simplifier (fig. 20). L'objectif a un diamètre D et on suppose que la source ponctuelle A émet une lumière monochromatique de longueur d'onde λ.

Examinons l'image A′ avec une loupe. On observe une tache circulaire très brillante dans le plan π passant par A′. Cette tache est entourée d'anneaux beaucoup moins lumineux dont l'intensité décroît lorsque l'on s'écarte du centre A′ (fig. 21). La répartition

Fig. 21
Tache de diffraction donnée par un objectif parfait

des intensités le long d'une droite xx' quelconque mais passant par le centre A′ de la tache est représentée par la courbe de la figure 22. Le diamètre d

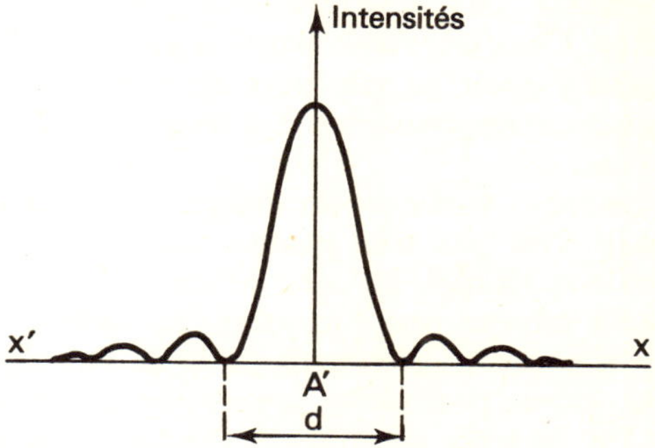

Fig. 22
Structure de la tache de diffraction donnée par un objectif parfait

de la tache centrale est inversement proportionnel à l'angle α (fig. 20). Il est donné par la formule $d = 1{,}22\ \lambda/\alpha$. Par exemple avec D = 10 mm, OA′ = 150 mm et $\lambda = 6.10^{-4}$ mm, on a une tache centrale $d = 20\ \mu m$. C'est une très petite tache centrale dont le diamètre augmente lorsque D diminue. Cette tache image d'une source ponctuelle monochromatique est produite par les phénomènes de diffraction. Ces phénomènes sont dus à la limitation des ondes par la surface de la lentille O et contre lesquels on ne peut rien faire. La formule donnant le diamètre de la tache centrale de diffraction montre que celui-ci varie avec la longueur d'onde λ. Plus la longueur d'onde diminue et plus la tache de diffraction devient petite et plus l'image devient « piquée », c'est-à-dire meilleure. Si la source lumineuse A émet de la lumière blanche, l'image A′ résulte de la superposition de toutes les taches de diffraction correspondant aux différentes longueurs d'onde du spectre. C'est une superposition en intensités, car il ne peut y avoir interférences de deux taches de diffraction correspondant à des longueurs d'ondes différentes.

Comme la variation du diamètre avec la longueur d'onde n'est pas très grande dans le domaine des radiations visibles, la tache de diffraction en lumière blanche montre peu d'irisation. La tache de diffraction telle que nous venons de la décrire est l'image d'une source ponctuelle donnée par un objectif parfait. En présence des défauts dont nous avons parlé au chapitre premier, la tache de diffraction est modifiée. Si l'objectif possède de l'aberration sphérique, la tache de diffraction reste circulaire mais l'intensité des anneaux augmente par rapport à l'intensité au centre de la tache. Ceci équivaut à un étalement de la tache de diffraction donc à une détérioration de l'image. La coma et l'astigmatisme déforment la tache qui n'est plus circulaire. Ces défauts détériorent aussi les images. L'œil est assez sensible à ces déformations d'où la possibilité d'étudier la qualité d'un objectif par un simple examen de la tache de diffraction. Nous verrons que cette méthode est très utilisée en microscopie.

La formule donnant le diamètre de la tache de diffraction montre que ce diamètre peut diminuer en réduisant la longueur d'onde de la lumière, ce qui est un avantage. En utilisant de la lumière ultraviolette de longueur d'onde 0,20 ou 0,25 µm, on a une tache deux fois plus petite. Mais ces radiations sont invisibles à l'œil et elles sont absorbées par les verres d'optique. Nous verrons plus loin que les objectifs à miroirs apportent une solution en microscopie (§ 4.1). Pour aller encore beaucoup plus loin dans le domaine des très courtes longueurs d'ondes, il faut utiliser des électrons se propageant dans le vide et l'on arrive au microscope électronique.

IV. — **Image d'un objet étendu**

L'observation de sources ponctuelles en microscopie est assez rare. Des particules animées du mouvement brownien en sont un exemple. En général les préparations micoscopiques sont constituées par des objets plus ou moins étendus. Chaque point de l'objet a pour image une tache de diffraction dont le diamètre ne dépend que de la longueur d'onde et du rapport $\alpha = \frac{D}{2OA'}$ (fig. 20). Naturellement l'intensité de chaque tache de diffraction dépend de l'intensité du point objet qui lui a donné naissance. Le point A_1 de l'objet a pour image la tache de diffraction A'_1, le point objet A_2 la tache de diffraction A'_2, etc. (fig. 23). L'image observée dans le

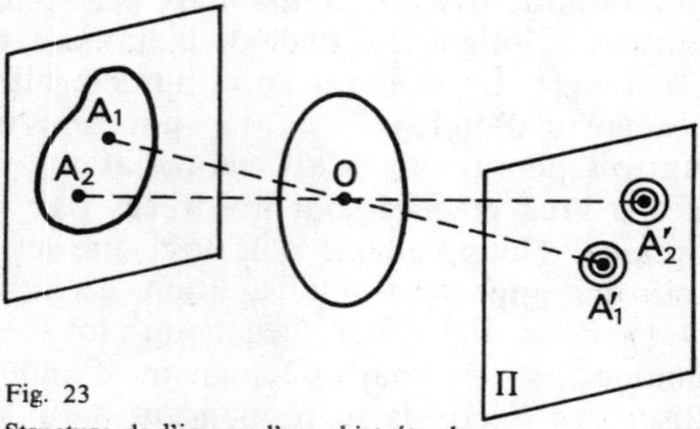

Fig. 23
Structure de l'image d'un objet étendu

plan π résulte de la superposition de toutes les taches de diffraction images de tous les points de l'objet. Est-ce que ces taches de diffraction s'ajoutent simplement en intensité ou doit-on faire intervenir les interférences ? C'est un problème très compliqué en microscopie, car l'objet n'est pas lumineux par luimême (sauf en microscopie de fluorescence) et tout dépend de la façon dont l'objet est éclairé. On peut considérer trois cas : l'objet est éclairé de telle sorte que tous ses points peuvent être considérés comme des sources indépendantes. On dit que l'éclairage est incohérent. Dans ce cas l'image dans le plan π résulte de l'addition en intensité de toutes les taches de diffraction. Si l'objet est éclairé de façon que tous ses points peuvent être considérés comme des sources capables d'interférer, l'éclairage est cohérent. L'image dans le plan π résulte alors des interférences de toutes les taches de diffraction. Enfin le troisième cas est un cas intermédiaire entre les deux éclairages précédents : il y a éclairage partiellement cohérent. Il faut savoir que plus l'éclairage se rapproche de l'éclairage cohérent et plus le risque d'artéfacts augmente par suite des interférences. Nous verrons comment on réalise ces types d'éclairage avec un microscope.

Le cas le plus simple pour montrer l'influence de la diffraction est celui de l'éclairage incohérent. C'est lui qui intervient en particulier dans le microscope à balayage. Considérons comme objet A un ensemble de traits parallèles et équidistants alternativement blancs et noirs, éclairé en lumière monochromatique (fig. 24). C'est un objet périodique dont le profil en

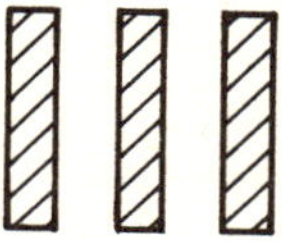

Fig. 24
Objet formé par des traits parallèles et équidistants

intensité est indiqué sur la figure 25. Sa période est p et on appelle fréquence spatiale de l'objet l'inverse $1/p$ de sa période. Une haute fréquence spatiale correspond à des traits fins et serrés ; une basse fré-

Fig. 25
Répartition des intensités dans l'objet de la figure 24

quence spatiale à des traits larges et espacés. La courbe de la figure 25 peut représenter aussi bien l'objet que son image géométrique. L'image géométrique est l'image qui serait obtenue sans faire intervenir la diffraction. En un point A_1 de l'objet, l'intensité est donnée par l'ordonnée de la courbe (1) de la figure 26. L'image A'_1 du point A_1 est une tache de diffraction (courbe 2) de centre A'_1 et dont l'inten-

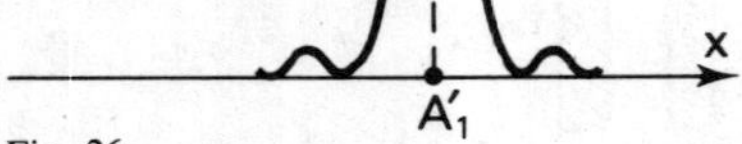

Fig. 26
Formation d'une image en tenant compte de la diffraction

sité au centre est proportionnelle à l'intensité au point A_1. Ceci montre que de la lumière va apparaître dans l'image des traits noirs. L'image aura l'aspect de la figure 27. La fréquence spatiale de l'image n'est

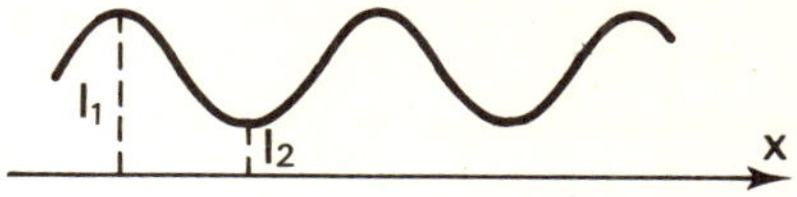

Fig. 27
Contraste défini par le rapport
$\gamma = (I_1 - I_2)/(I_1 + I_2)$

pas changée, mais il n'y a plus de traits noirs. Soit I_1 l'intensité des maximums et I_2 celle des minimums. On appelle contraste de l'image et on note le rapport $\gamma = (I_1 - I_2)/(I_1 + I_2)$. Si I_2 est nul, γ est égal à 1 : le contraste est maximum. Si $I_1 = I_2$, le contraste est nul et il n'y a plus d'image : le champ est uniforme. Le contraste varie entre zéro et un. Si la tache de diffraction est petite par rapport à p, l'image a un bon contraste et les traits sont parfaitement visibles. Réduisons p : l'étalement relatif de la tache de diffraction par rapport à p augmente. Comme conséquence, le contraste de l'image diminue. Continuons à réduire p, il arrive un moment où le contraste de l'image devient nul ; l'objet n'est plus visible.

En général, on prend comme objet non pas celui de la figure 25 mais plutôt celui de la figure 28 qui représente une sinusoïde (en fait $\sin^2 x$). On trace alors une courbe dont les ordonnées donnent le

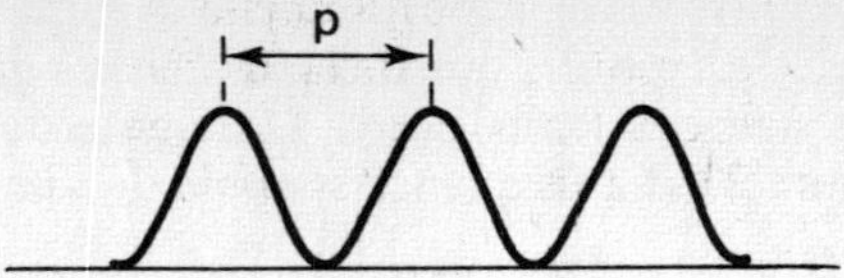

Fig. 28

Fréquence spatiale $1/p$ (p est la période)

contraste de l'image et les abscisses la fréquence spatiale $1/p$. On obtient une courbe comme celle de la figure 29. La fréquence $1/p_0$ correspondant au

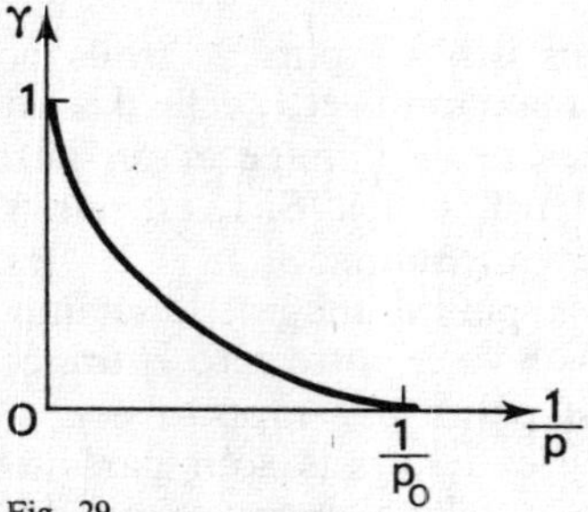

Fig. 29

Fonction de transfert

contraste nul est la fréquence de coupure et la courbe elle-même s'appelle la fonction de transfert. Cette fonction détermine la façon dont les fréquences spatiales sont transmises par l'objectif. Elle caractérise bien les qualités de l'objectif. Elle remplace avantageusement la vieille notion du pouvoir séparateur mesurée par la distance de deux points de même intensité lorsque leurs taches de diffraction ont la disposition de la figure 30. Le maximum de l'une des

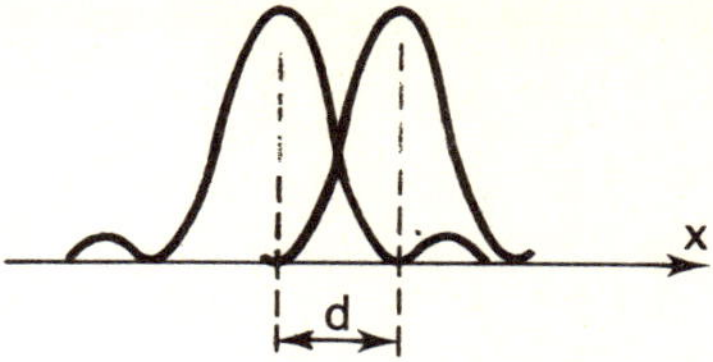

Fig. 30
Limite de séparation *d* des deux taches de diffraction

taches coïncide avec le premier minimum nul de l'autre. On estime que deux points séparés par une distance plus petite que *d* ne sont pas vus séparés. La distance *d* est justement celle qui a été donnée au § 2.3. Cette définition a manifestement un caractère conventionnel car, suivant le type du récepteur utilisé, on peut rapprocher encore les deux taches sans qu'il soit impossible de reconnaître l'existence de deux points.

La notion de fréquence de coupure associée à la connaissance de la fonction de transfert apporte au contraire toutes les informations sur la loi de correspondance entre l'objet et l'image. En microscopie, il est difficile de mesurer la fonction de transfert par suite de la difficulté de réaliser des tests analogues à celui de la figure 28 et suffisamment fins. Mais il est possible de l'atteindre indirectement par l'analyse de la figure de diffraction (§ 3.4). Comme nous le verrons au chapitre III, l'étude de la qualité d'un objectif de microscope est généralement basée sur l'examen de la tache de diffraction d'une source ponctuelle ou sur l'examen de diatomées convenables.

CHAPITRE III

OPTIQUE DU MICROSCOPE

I. — Propriétés géométriques du microscope

Un microscope est composé essentiellement de deux parties (fig. 31) : un objectif O qui donne de l'objet AB une image agrandie A′ B′ et un oculaire O_c qui joue le rôle d'une loupe et au travers duquel on observe l'image agrandie. Il faut placer la préparation, c'est-à-dire l'objet AB, à une distance de l'objectif O telle que son image A′ B′ se forme dans le plan focal de l'oculaire O_c. L'image finale est rejetée à l'infini et l'œil peut l'observer sans accommoder. Si l'oculaire est un élément optique assez simple, il n'en est pas de même de l'objectif qui n'a pu donner de bonnes images qu'après les efforts de plusieurs générations. Il a fallu apprendre à calculer les combinaisons de lentilles, à réaliser des verres homogènes. L'objectif et l'oculaire fixés sur un même support sont en général à une distance de 16 cm l'un de l'autre.

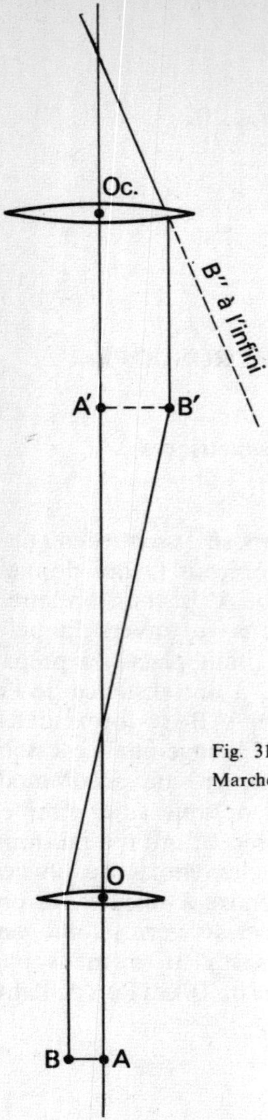

Fig. 31
Marche des rayons dans un microscope

La longueur focale de l'oculaire peut être comprise entre 12 et 40 mm environ. L'oculaire est donc une loupe de 25 à 80 dioptries qui grossit de 6 à 20 fois. Cette dernière indication est le plus souvent gravée sur les montures des oculaires sous la forme 6 × et 20 × (*punctum proximum* à 25 cm). La longueur focale de l'objectif peut être comprise entre 2 et 50 mm. Le rapport d'une dimension linéaire de l'image donnée par l'objectif à la dimension correspondante de l'objet est le grandissement de l'objectif. Le grandissement d'un objectif de 2 mm de focale est environ 80 pour une distance objectif-oculaire égale à 16 cm. Le grossissement du microscope est le produit du grandissement de l'objectif par le grossissement de l'oculaire. Avec un objectif de 2 mm de focale et un oculaire × 6, on a un grossissement 80 × 6 = 480. Les grossissements dépassant 1 000 sont illusoires par suite des phénomènes de diffraction. Les images deviennent floues et n'apportent aucun détail supplémentaire.

Pour que l'image donnée par l'objectif se forme dans le plan focal de l'oculaire, l'objet doit se trouver très près de l'objectif. Avec un objectif de 3 mm de focale, l'objet se trouve à 0,3 mm de la face d'entrée de l'objectif. La distance entre la face d'entrée de l'objectif et l'objet s'appelle la distance frontale ou simplement la frontale de l'objectif. Une très petite variation de la distance séparant l'objet de l'objectif peut faire disparaître l'image observée par l'œil. La mise au point doit se faire avec une grande précision surtout pour les objectifs puissants de courtes focales. D'où la nécessité d'une monture mécanique extrêmement précise. Un microscope doit être monté d'une façon très rigide sur un socle lourd et stable (fig. 32). Pour faire la mise au point, l'ensemble objectif-oculaire d'un côté et la platine porte-objet de l'autre doivent pouvoir s'approcher par un mouvement doux, sans saccades et très lentement.

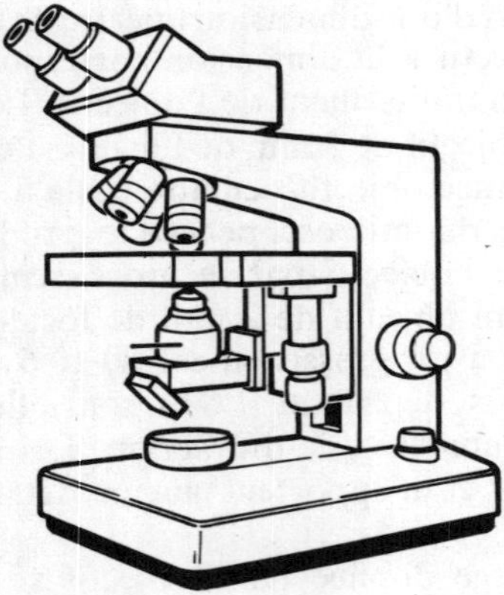

Fig. 32
Microscope à éclairage incorporé et à rallonge binoculaire

La latitude de mise au point est très étroite de l'ordre du micromètre pour les objectifs puissants. Donc on ne peut voir que les détails de l'objet situés dans une tranche d'un micromètre d'épaisseur environ. Les autres détails ne sont pas au point. Il faut examiner la préparation par couches successives en changeant la mise au point. Pour voir les détails dans une tranche d'épaisseur plus grande, on peut aussi changer d'objectif et prendre un grossissement plus faible, ce qui augmente la latitude de mise au point. L'épaisseur de la tranche dans laquelle on peut voir nets les détails de l'objet est la profondeur de champ du microscope. Un grossissement plus faible donne aussi un champ d'observation plus étendu latéralement.

Le microscope étant au point sur la préparation, prenons une loupe et examinons le faisceau de lumière à la sortie de l'oculaire. On voit un petit disque lumineux, plus petit que le diamètre des verres de l'oculaire. C'est dans cette région que passent tous les rayons lumineux qui ont traversé l'objectif et l'oculaire. Ce disque lumineux, appelé anneau oculaire, n'est autre que l'image de l'objectif donnée par l'oculaire. C'est sur cet anneau, qui est très près de l'oculaire, qu'il faut placer la pupille de l'œil pour que tous les rayons qui ont traversé le microscope pénètrent dans l'œil et contribuent à former sur la rétine l'image du champ entier du microscope. Avec un oculaire $\times$ 6 et un objectif de 3 mm de focale, l'anneau oculaire a un diamètre de 0,7 mm donc plus petit que le diamètre de la pupille de l'œil.

II. — **Eclairage du microscope**

L'éclairement de la préparation doit être très intense, puisque la lumière d'un petite région de cette préparation va se répartir sur une image vue sous un grand angle. Par ailleurs, il faut éviter d'éclairer

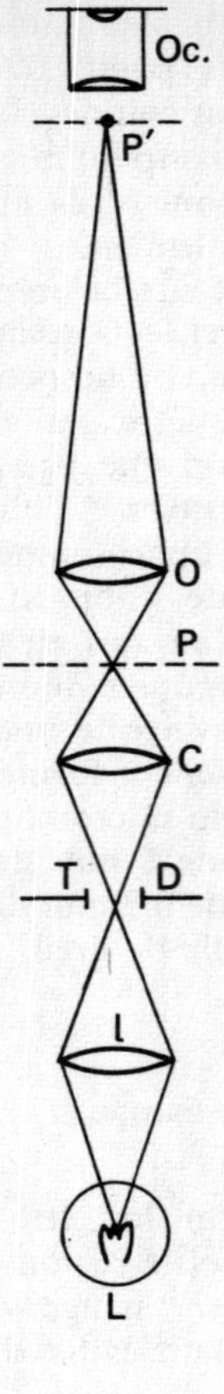

Fig. 33
Eclairage critique

les parties de la préparation qui sont en dehors du champ. Elles risqueraient d'éclairer l'intérieur du microscope sans former d'image et de produire un voile de lumière parasite sur l'image utile. Deux modes d'éclairage sont employés : l'éclairage critique et l'éclairage de Köhler. Dans l'éclairage critique (fig. 33) on projette avec une lentille une image de la lampe L sur un diaphragme D percé d'un trou T de diamètre variable. Une autre lentille C, appelée condenseur, projette une image de T sur la préparation P. Une image de L est donc projetée sur la préparation P. Le diaphragme D est un diaphragme iris dont l'ouverture T est ajustée de façon que seules les régions observées par le microscope soient éclairées. Sur la figure 33, le microscope est composé de l'objectif O et de l'oculaire O_C. L'objectif O donne de la préparation en P une image agrandie en P′ qui est observée par l'oculaire O_C. Le désavantage de l'éclairage critique est qu'il nécessite une source suffisamment large et uniforme. Tout défaut de la lampe apparaît dans l'image et peut gêner les observations.

La seconde méthode est la méthode d'éclairage de Köhler (fig. 34). C'est la méthode la plus courante parce qu'elle évite que la structure de la lampe soit vue en même temps que la préparation et qu'elle permet un éclairage uniforme de la préparation. La lentille *l* projette une image de la lampe L sur le diaphragme iris D_2 placé au foyer du condenseur C. Un autre diaphragme iris D_1 est placé près de la lentille et permet de régler les dimensions du champ éclairé sur la préparation comme on va le voir. Les faisceaux de rayons qui émergent du condenseur sont

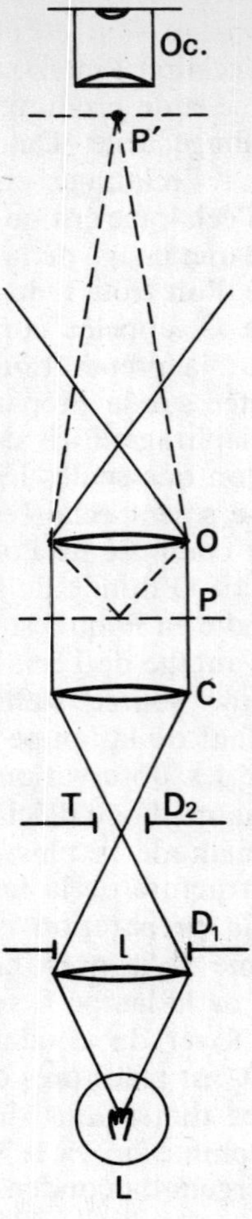

Fig. 34
Eclairage de Köhler

des faisceaux de rayons parallèles. On en a représenté un seul sur la figure 34. L'objectif O du microscope forme en P′ une image de la préparation P. Cette image est observée à l'aide de l'oculaire O_C. On règle la distance de C à la préparation P de façon que le condenseur donne une image de D_1 sur la préparation P. De cette façon en réglant le diaphragme iris D_1, seule la région effectivement observée est éclairée. Il suffit que l'image du bord de D_1 soit juste à la limite du champ d'observation. Par ailleurs, le champ est parfaitement uniforme puisque le plan du diaphragme D_1 ne coïncide pas tout à fait avec la surface de la lentille *l* où il pourrait apparaître de petits défauts tels que poussières ou fines rayures.

III. — **Redressement de l'image**

Le microscope donne une image renversée d'un objet contrairement à la loupe qui en donne une image droite. C'est ce qui apparaît sur la figure 31. L'oculaire, qui agit comme une loupe, laisse l'orientation de l'image inchangée. Il n'y a là aucune gêne puisque l'on ne peut comparer l'objet à des détails invisibles à l'œil nu. Lorsqu'on déplace la préparation, l'image se déplace en sens inverse, ce à quoi l'observateur a vite fait de s'habituer.

Si l'on se sert d'un microscope pour contrôler un travail à effectuer sur un objet, l'avantage d'une image droite devient très important. Pour ce genre d'application des grossissements assez faibles sont utilisés. La précision du mouvement des mains n'est pas suffisante pour justifier de forts grossissements. Par ailleurs, l'objet ne doit pas être trop près de l'objectif, ce qui impose à celui-ci une frontale de plusieurs millimètres au moins, donc l'utilisation de faibles grossissements. Le redressement des images s'applique donc surtout aux faibles grossissements. On le réalise au moyen de quatre réflexions successives sur des miroirs plans convenablement orientés.

IV. — Microscopes binoculaires

Les microscopes redresseurs à faible grossissement sont généralement formés par deux microscopes dont les axes des objectifs font entre eux un angle d'environ 15° de façon qu'ils se rencontrent dans le plan de l'objet. Deux systèmes optiques placés après les objectifs rendent parallèles les axes des faisceaux lumineux. Les oculaires sont écartés à la distance des yeux (fig. 35). Les images présentent un relief qui s'explique par la vision stéréoscopique dans laquelle chaque œil observe l'objet sous un angle un peu différent. Ici par suite de l'agrandissement des images, il y a accroissement de l'effet stéréoscopique d'où un relief saisissant.

Dans le microscope à rallonge binoculaire (fig. 32), il n'y a qu'un seul objectif et un seul tube. Le faisceau de lumière est divisé en deux parties qui traversent deux oculaires distincts après réflexions sur des miroirs plans. Comme c'est le même objectif qui sert pour les deux yeux, ceux-ci voient des images iden-

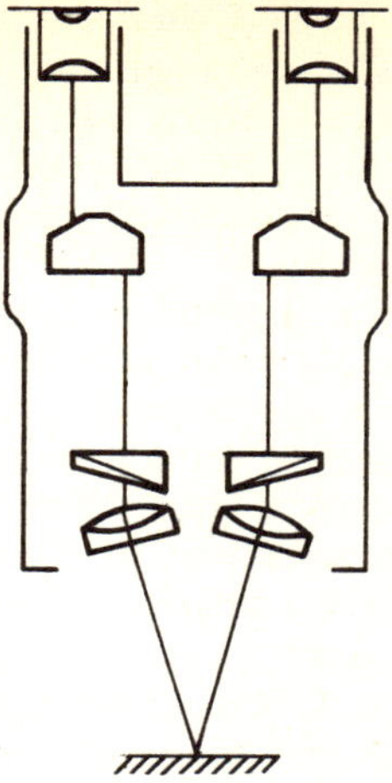

Fig. 35
Microscope binoculaire à faible grossissement

tiques et il n'y a pas d'effet stéréoscopique. L'observation est seulement plus confortable qu'avec un seul œil. Il n'est pas possible en effet aux forts grossissements de faire converger les axes de deux microscopes sur un même point situé à une fraction de millimètre de la frontale. L'encombrement des objectifs est beaucoup trop grand.

Naturellement un microscope monoculaire peut d'ailleurs être transformé instantanément en microscope binoculaire. Il suffit d'en retirer l'oculaire et de le remplacer par une « rallonge binoculaire ». C'est un système pourvu de deux oculaires et qui contient le dispositif de partage du faisceau provenant de l'objectif. En général les miroirs sont disposés de façon à redresser l'image et en même temps à incliner l'axe des oculaires à 45° par rapport à l'axe de l'objectif (dont l'axe est vertical) pour rendre l'observation plus confortable.

Indiquons une précaution à prendre, indispensable lorsque l'on fait la mise au point avec un objectif puissant. Il ne faut jamais approcher la préparation de l'objectif, l'œil à l'oculaire, c'est la meilleure façon de percuter la préparation avec l'objectif et de rendre l'objectif inutilisable. On verra plus loin que la première lentille de l'objectif est une très petite lentille sertie dans la monture dont la position peut être modifiée au moindre choc. L'objectif est alors perdu. Il faut rapprocher le plus possible la préparation de l'objectif en se plaçant sur le côté du microscope et en examinant avec attention la distance entre la préparation et l'objectif. Lorsqu'on estime ne pas pouvoir continuer sans risquer le contact entre la préparation et l'objectif, on place l'œil à l'oculaire et on éloigne la préparation de l'objectif jusqu'à la bonne mise au point.

V. — Microscopes en lumière réfléchie

Les microscopes destinés à l'examen d'objets opaques utilisent un dispositif spécial d'éclairage : l'illuminateur vertical. Les figures 36 et 37 montrent deux types d'illuminateurs.

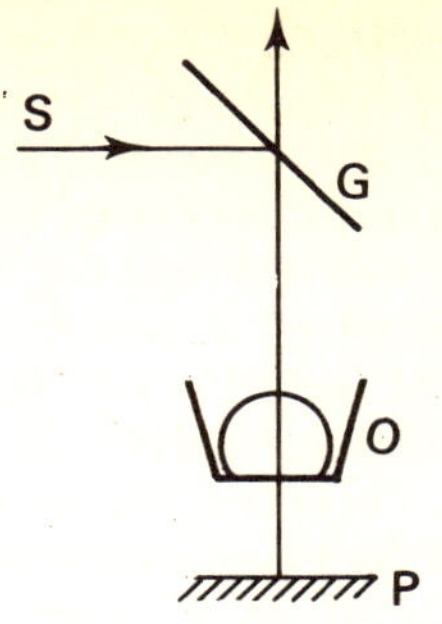

Fig. 36

Microscope en lumière réfléchie à lame semi-réfléchissante G

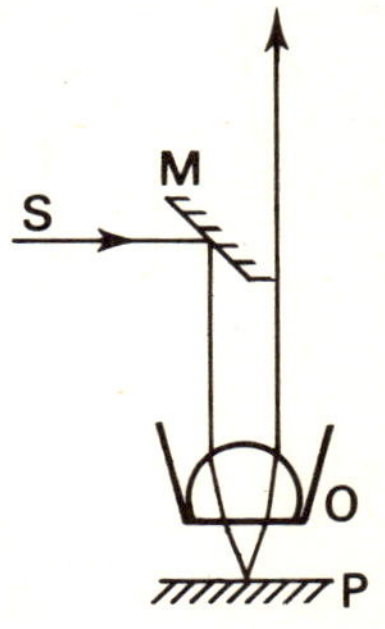

Fig. 37

Microscope en lumière réfléchie à éclairage latéral

Dans le cas de la figure 36, la lumière provenant de la source lumineuse S est réfléchie par la lame semi-réfléchissante G inclinée à 45°, traverse l'objectif O et parvient à l'objet P. La lumière revient en arrière, traverse O et G pour aboutir à l'oculaire. Dans le cas de la figure 37, la lumière est renvoyée sur l'objectif par un petit miroir M incliné à 45°. Ici on utilise une moitié de l'objectif pour l'éclairage de l'objet P et l'autre moitié pour l'observation. La figure 38 montre l'ensemble du dispositif utilisant l'éclairage de Köhler à partir de la figure 36. Le condenseur C projette une image de D_1 sur P pour limiter le champ comme sur la figure 34. Ceci se réalise plus facilement ici en plaçant une lentille contre le diaphragme D_2.

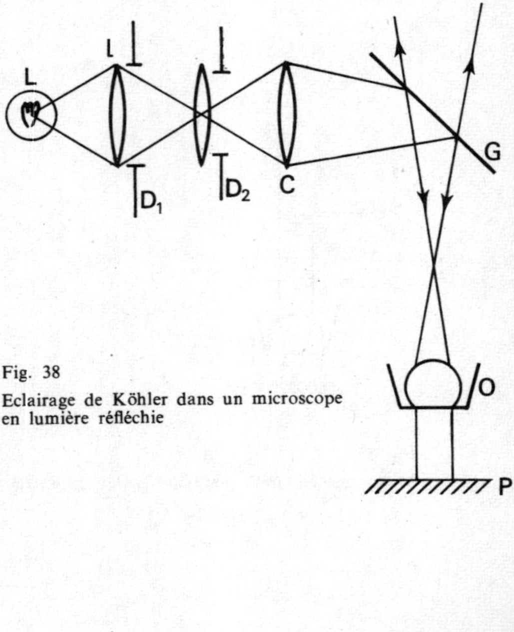

Fig. 38

Eclairage de Köhler dans un microscope en lumière réfléchie

Ce dispositif introduit de la lumière parasite, car la lumière réfléchie par les lentilles de l'objectif va directement dans l'oculaire. On peut néanmoins éviter cet effet nuisible en polarisant la lumière avant son entrée dans l'objectif. Le polariseur est placé sur le faisceau provenant de S et avant G. Après réflexion sur G, puis sur les surfaces des lentilles, la vibration reste rectiligne. Un deuxième polariseur placé sur le faisceau de retour juste avant l'oculaire et croisé avec le premier polariseur coupe la lumière y compris celle qui est réfléchie par l'objet (sauf si celui-ci est diffusant). On ne voit donc pas l'objet non plus mais pour éviter qu'il en soit ainsi, il suffit de coller une lame quart d'onde sur la face plane externe de la première lentille de l'objectif. Traversée deux fois, la lame quart d'onde devient demi-onde : la vibration rectiligne réfléchie par l'objet reste rectiligne mais tourne de 90°. Elle traverse donc le deuxième polariseur et l'objet est visible sans être gêné par la lumière parasite. On peut noter que si la lame est plusieurs fois quart d'onde les résultats sont les mêmes, donc on peut remplacer la lame quart d'onde par une lame biréfringente (taillée parallèlement à l'axe) d'épaisseur quelconque, par exemple un millimètre avec une lame de quartz. Avec une lame quart d'onde, il faut utiliser de la lumière relativement monochromatique, car la lame ne peut être quart d'onde pour toutes les radiations du spectre. Avec la lame épaisse, la lame est quart d'onde pour un assez grand nombre de radiations et on peut utiliser de la lumière blanche. En lumière blanche, cette lame donne par double traversée un spectre cannelé : les cannelures brillantes sont les longueurs d'onde pour lesquelles la lame est demi-onde par double traversée. Le système de la figure 37 élimine la lumière parasite mais on réduit l'ouverture numérique de l'objectif par un facteur voisin de 2. L'ultropaque de Leitz donne une

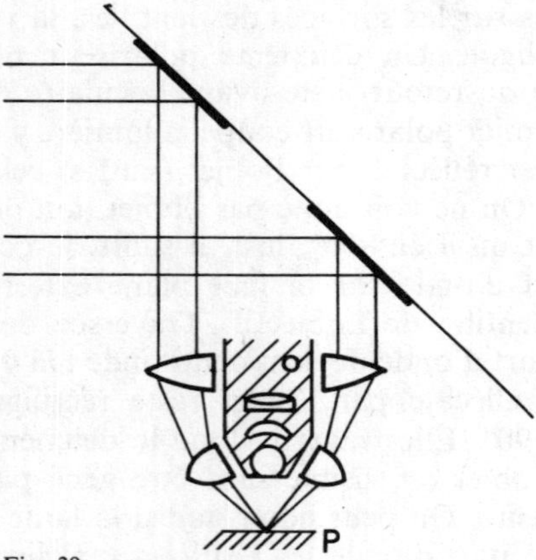

Fig. 39
Eclairage latéral (ultropaque Leitz)

autre solution (fig. 39). L'éclairage en anneau se situe autour de l'objectif : seule la lumière diffusée par l'objet P peut pénétrer dans l'objectif O.

Les métallographes et les pétrographes préfèrent en général le microscope en lumière réfléchie du type « inversé » (fig. 40). Dans ce microscope ce n'est plus l'oculaire mais l'objectif qui est en haut. La surface à examiner est simplement posée, tournée vers

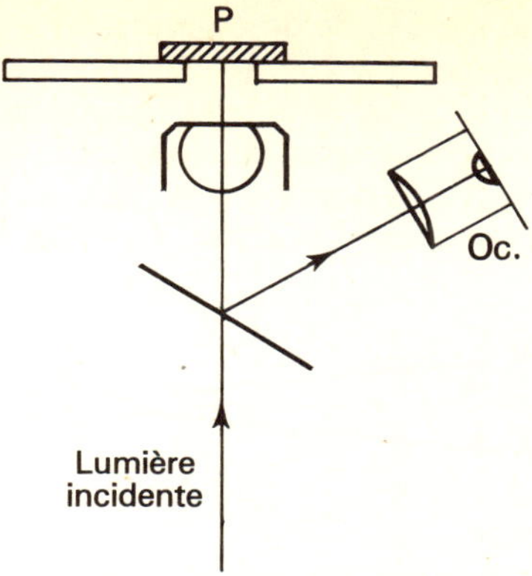

Fig. 40
Microscope en lumière réfléchie du type inversé

le bas sur un support horizontal percé d'une ouverture en regard de l'objectif.

VI. — **Aspect physique de la formation des images dans un microscope**

Un microscope même parfait n'a pas des possibilités infinies, il ne peut aller au-delà d'une barrière naturelle due à la lumière elle-même. Ce sont les phénomènes de diffraction qui limitent les possibilités du microscope. La seule existence d'une longueur d'onde laisse prévoir une limite : deux points lumineux ne sont vus distincts que si leur distance est grande devant la longueur d'onde de la lumière. Ceci résulte des considérations du § 2.3.

Considérons un point lumineux A qui émet de la lumière monochromatique de longueur d'onde λ (fig. 41). L'objectif O donne en A′ une image de A qui est observée avec l'oculaire O_c. On sait que

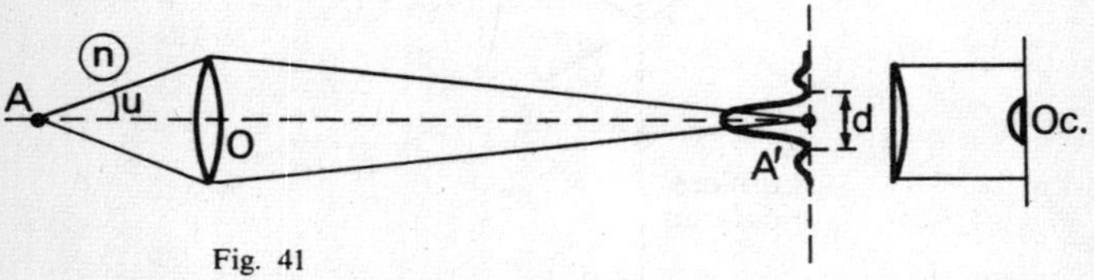

Fig. 41
L'image du point A donnée par l'objectif de microscope O est une tache de diffraction de diamètre *d*

l'image A′ est une tache de diffraction constituée par une petite tache centrale entourée d'anneaux moins lumineux dont l'intensité décroît lorsqu'on s'écarte du centre de la tache. Soit u l'angle d'ouverture maximale des rayons issus de A, $g = OA'/OA$ le grandissement de l'objectif O et n l'indice de réfraction du milieu dans lequel se trouve l'objet. Le diamètre d de la tache de diffraction dans le plan image est donné par l'expression $1{,}22\ \lambda g/n \sin u$. Il n'y a pas de différence en fait avec l'expression donnée au § 2.3, mais dans le cas d'un objectif de microscope, on fait intervenir le produit $n \sin u$ qui s'appelle « l'ouverture numérique » de l'objectif. On a donc avantage à utiliser une grande ouverture numérique. Les plus grandes ouvertures numériques sont de l'ordre de

$n \sin u = 1{,}3$. Les objectifs qui correspondent à ces fortes ouvertures numériques ont généralement des grandissements voisins de $g = 100$. Avec $\lambda = 0{,}6\ \mu m$ (jaune du spectre) on a une tache de diffraction de $d = 56\ \mu m$ de diamètre. Tout se passe comme si chaque point A d'un objet étendu était remplacé par une petite tache lumineuse de 0,56 μm, car pour passer du plan image au plan objet il suffit de diviser le diamètre de la tache de diffraction par le grandissement 100 de l'objectif.

Comme nous l'avons déjà dit (§ 2.4), l'image d'un objet étendu dans le plan image résulte de la superposition en intensité de toutes les taches de diffraction dues à tous les points de l'objet si l'éclairage est incohérent. Considérons à nouveau la figure 34 et ouvrons le plus possible le diaphragme D_2 pour donner au condenseur C son ouverture maximale, c'est-à-dire pour que la préparation reçoive des rayons dont l'inclinaison maximale est la plus grande possible. Si l'ouverture du condenseur C est supérieure à celle de l'objectif O, on peut dire que la préparation se comporte à peu près comme un objet incohérent. Réduisons fortement le diaphragme D_2 : le faisceau qui émerge du condenseur est presque un faisceau cylindrique de rayons parallèles. Dans ce cas la préparation se comporte comme un objet cohérent. Pour les diamètres intermédiaires entre ces deux cas extrêmes, l'éclairage est partiellement cohérent. D'après ce qui a été dit, on aurait avantage à travailler en éclairage incohérent c'est-à-dire à utiliser un condenseur d'ouverture plus grande que celle de l'objectif. Mais en pratique et pour des raisons de lumière parasite, on ne dépasse pas une ouverture de condenseur égale aux deux tiers de celle de l'objectif.

Comme pour tous les objectifs, une diminution de la longueur d'onde réduit le diamètre de la tache de diffraction et améliore la finesse des images. Or, si l'objet est dans un milieu d'indice *n*, la longueur d'onde *y* est *n* fois plus petite que dans l'air et on doit

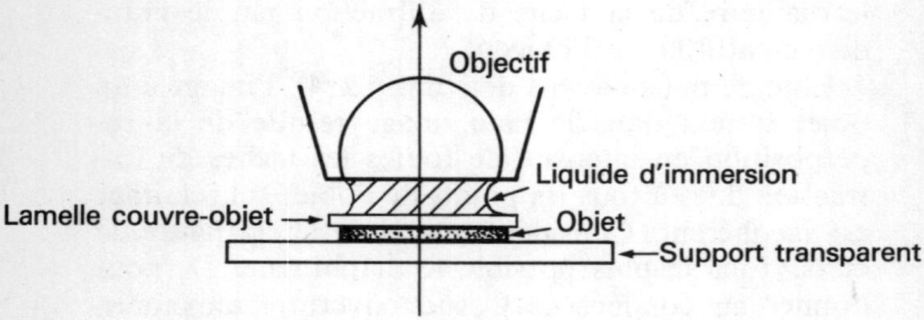

Fig. 42
Objectif à immersion

s'attendre à avoir une tache de diffraction plus petite. On interpose alors un liquide d'indice élevé appelé « liquide d'immersion » entre l'objet et l'objectif (fig. 42). Le milieu d'immersion le plus utilisé est l'huile de cèdre dont l'indice est $n = 1{,}52$, indice à peu près égal à celui des verres d'optique. Comme le montre la figure 42, l'objet est recouvert d'une lamelle couvre-objet en verre et on interpose une goutte d'huile de cèdre entre la lamelle couvre-objet et la frontale de l'objectif.

VII. — **Limite de séparation du microscope**

Lorsqu'on observe une préparation au microscope, on cherche à distinguer le mieux possible des fins détails très proches les uns des autres. Comme on le sait ceux-ci ne sont pas vus séparés si la distance qui les sépare est trop petite par rapport au diamètre de la tache de diffraction. Les détails observés en microscopie peuvent appartenir à deux types : les objets d'amplitude et les objets de phase. Si les détails d'une préparation sont caractérisés seulement par des variations d'opacité ou par des variations de couleur, on dit que l'objet est un objet d'amplitude. En général, les détails des préparations biologiques ne sont caractérisés que par des variations de l'indice de réfraction. Celles-ci sont transparentes et ne montrent aucun détail visible dans un microscope ordinaire : ce sont des objets de phase. Nous considérons d'abord le cas des préparations se comportant comme des objets d'amplitude. Les préparations transparentes seront étudiées au chapitre V.

La visibilité des objets d'amplitude dépend de leur structure, de l'ouverture de l'objectif du microscope et de celle du condenseur. Pour simplifier, nous ne ferons pas intervenir l'ouverture du condenseur, laquelle joue un rôle moins important que celle de l'objectif. D'ailleurs dans la pratique, on donne au condenseur une ouverture de l'ordre des deux tiers de celle de l'objectif et l'éclairage partiellement cohérent qui en résulte diffère peu de l'éclairage incohérent, du moins pour les objets périodiques que nous allons considérer.

Pour étudier la visibilité des objets au microscope, on peut choisir comme tests les diatomées qui sont des objets minuscules dont la structure se prête assez bien à l'évaluation des performances d'un objectif

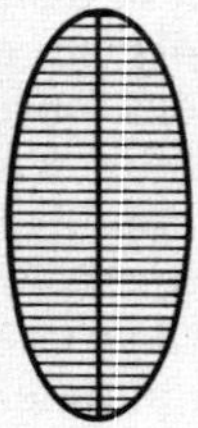

Fig. 43
Diatomée

de microscope. La diatomée représentée schématiquement sur la figure 43 en donne un exemple parmi beaucoup d'autres. C'est un objet périodique caractérisé par son pas p ou sa fréquence spatiale $1/p$. Admettons que les traits soient parfaitement noirs sur fond clair : le contraste de l'objet est maximal et égal à 1. Par suite de la diffraction, le contraste de l'image est inférieur à 1 même si l'objectif est parfait. S'il devient inférieur à une certaine limite qui dépend du récepteur, l'image disparaît. On se contente alors d'évaluer la limite de séparation de l'objectif en disant que tel ou tel type de diatomée est résolu ou non.

La théorie de la diffraction montre que le contraste image d'un objet périodique est nul lorsque son pas p est égal à $\lambda/2n \sin u$. Cette formule permet aussi d'évaluer la limite de séparation d'un objectif supposé parfait. Par exemple un objectif d'ouverture numérique $n \sin u = 1$ permet de séparer des traits distants de 0,3 µm pour $\lambda = 0{,}6$ µm. Le tracé de la fonction de transfert ne peut se faire en utilisant des diatomées, car il faudrait toute une série de diatomées de même structure et de fréquences spatiales différentes, ce qui est pratiquement impossible. On peut atteindre indirectement la fonction de transfert en faisant l'analyse de la tache de diffraction : l'oculaire est enlevé et on place un écran opaque à bord rectiligne très fin dans le plan de la tache de diffraction. On déplace cet écran dans une direction perpendiculaire à bord rectiligne et on mesure le flux transmis en fonction de la position de l'écran. La théorie montre que par intégration on obtient la fonction de transfert. Mais c'est une méthode peu employée.

Dans le cas où l'évaluation numérique de la limite de séparation n'est pas nécessaire, il existe une méthode permettant de contrôler avec précision la qualité d'un objectif de microscope. C'est la méthode dite du « point lumineux ». Ce point lumineux est obtenu à partir d'un support en verre sur lequel on a évaporé dans le vide une couche mince d'aluminium. Cette couche n'est jamais parfaitement uniforme et observée au microscope on voit une multitude de points lumineux qui correspondent à des trous très petits. Ceux qui sont très au-dessous de la limite de séparation du microscope montrent l'aspect

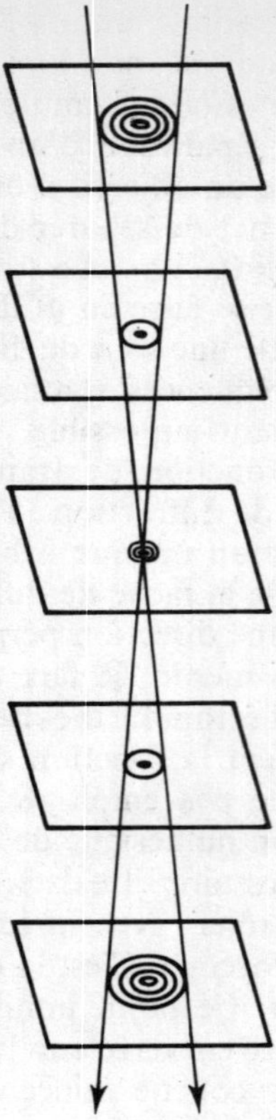

Fig. 44

Figures de diffraction de part et d'autre de la bonne mise au point (objectif parfait) de la tache de diffraction décrite au § 2.3 (fig. 21). Dans le cas d'un objectif à sec (sans immersion), il faut recouvrir la couche d'aluminium d'une lamelle couvre-objet pour être dans les conditions normales d'observation. En déplaçant ce test, on amène l'une de ces taches de diffraction au centre du champ. Rien qu'en examinant la tache centrale et les anneaux, on peut dire si l'objectif a de l'aberration sphérique ou non. En présence d'aberration sphérique, les anneaux sont renforcés et un œil un peu exercé s'en aperçoit rapidement. Dans le cas où l'aberration est trop faible pour montrer un renforcement des anneaux, on fait varier très légèrement et rapidement la mise au point en avant et en arrière. Si l'aspect des taches de diffraction est le même de part et d'autre de la bonne mise au point, alors on peut être assuré que l'objectif est bien corrigé (fig. 44). Dans le cas d'une très faible aberration sphérique l'aspect des taches de part et d'autre de la bonne mise au point diffère aussitôt (fig. 45). Même un œil non exercé est très sensible à ces différences.

L'examen de la tache de diffraction permet d'étudier non seulement l'aberration sphérique mais aussi les autres aberrations dont nous avons parlé au chapitre premier. Si la tache de diffraction placée au centre du champ n'est pas circulaire, les éléments optiques de l'objectif ne sont pas centrés et l'objectif est inutilisable. Considérons maintenant une tache de diffraction parfaite au centre du champ et déplaçons le test latéralement pour amener la tache de diffraction par exemple à la moitié de la distance du centre au bord du champ. Si elle a l'aspect de la fi-

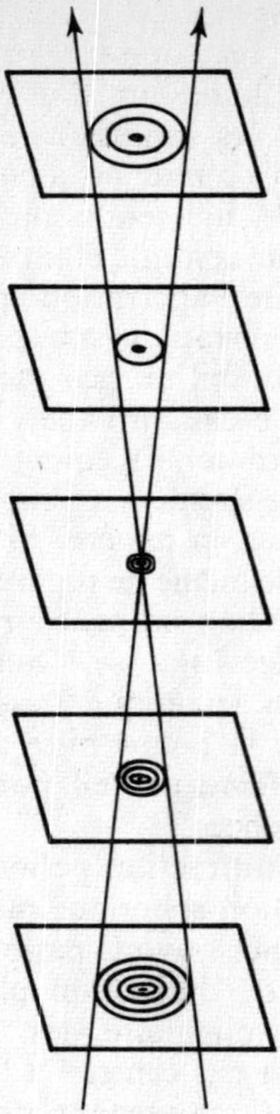

Fig. 45

Figures de diffraction de part et d'autre de la bonne mise au point (objectif non parfaitement corrigé) gure 46, l'objectif a de la coma. Pour voir l'astigmatisme, on amène la tache de diffraction au bord du champ et on donne à la mise au point un petit mouvement de va-et-vient comme précédemment. Si on trouve deux mises au point pour lesquelles la tache

Fig. 46
Tache de diffraction en présence de coma

se réduit à deux petits éléments de droite, alors l'objectif possède de l'astigmatisme. Enfin, il peut se faire que la tache de diffraction soit parfaite, mais qu'elle ne soit pas au point dans tout le champ c'est qu'il a de la courbure de champ.

La méthode du point lumineux est une méthode précieuse non seulement en microscopie mais d'une façon générale en optique instrumentale.

VIII. — **Choix de l'oculaire pour un objectif donné**

Il faut choisir un oculaire de grossissement convenable de façon que l'œil puisse discerner les détails qui existent dans l'image. Les traits de la diatomée de la figure 43 peuvent être bien séparés dans l'image donnée par l'objectif mais pour que l'œil puisse les voir avec l'oculaire, il faut que celui-ci soit suffisamment puissant. L'expérience montre que l'œil travaille dans les meilleures conditions lorsque sa pupille a un diamètre de 1 mm donc plus petit que la plus petite valeur naturelle qui est 2 mm. C'est une valeur conventionnelle mais elle donne un ordre de grandeur. Pour les objectifs d'ouverture numérique $n \sin u = 1{,}30$, elle conduit à un grossissement de 700. Rien n'empêche de dépasser cette valeur en prenant un oculaire plus puissant mais on risque de détériorer la qualité des images par suite des phénomènes de diffraction qui prennent une trop grande importance.

CHAPITRE IV

LES DIFFÉRENTS ÉLÉMENTS D'UN MICROSCOPE

I. — Les objectifs

Calculer un objectif consiste à tracer la marche des rayons en appliquant les lois de Descartes à chaque surface traversée. On recommence ces calculs après avoir modifié les données jusqu'au moment où les rayons partis d'un même point objet se recoupent en un même point de l'image avec une tolérance que l'on sait fixer. Naturellement les calculs se font à l'ordinateur en partant d'un point de départ fourni par les théories générales.

Amici a introduit une idée de départ qui est universellement adoptée : il utilise les points stigmatiques du dioptre sphérique (fig. 47). Considérons une lentille demi-boule de rayon R dont le centre est en O et un point objet A. Entre A et la demi-boule on a un liquide d'immersion d'indice pratiquement égal à celui de la demi-boule. La position du point A est particulièrement intéressante si la distance OA est égale à R/n, car pour cette position tous les rayons réfractés par la surface hémisphérique, prolongés en sens inverse de leur propagation se recoupent exactement au point A′ situé à la distance Rn du centre O. Le point A′ est l'image virtuelle du point A. Cette

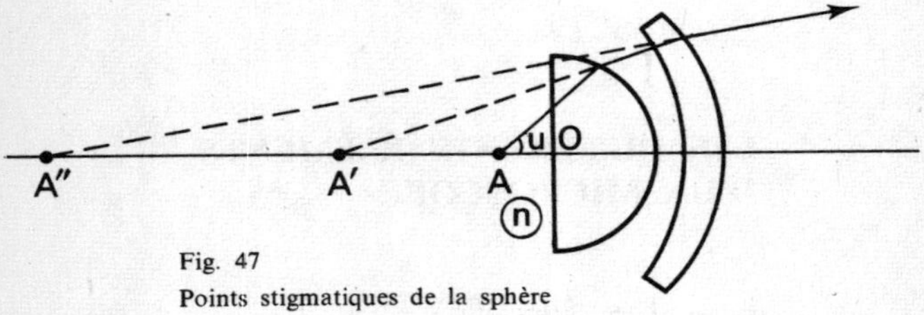

Fig. 47
Points stigmatiques de la sphère

image n'a ni aberration sphérique ni coma. Les deux points remarquables A et A′ sont les points stigmatiques du dioptre sphérique ou encore les points de Weierstrass. Si l'ouverture numérique de la demi-boule est $n \sin u = 1{,}3$, après traversée de la demi-boule, l'ouverture numérique est réduite à $\sin u' = 0{,}55$. On utilise une deuxième lentille du type ménisque de façon que A′ soit le centre de la première surface de la lentille ménisque. Après réfraction par la deuxième surface de cette lentille, le rayon prolongé en sens inverse passe par le point A″ : les points A′ et A″ sont les points stigmatiques du dioptre sphérique constitué par la première surface de la lentille ménisque. Le point A″ est l'image de A′, c'est-à-dire de A sans aberration sphérique ni coma et l'ouverture numérique est réduite à 0,37. L'ouverture numérique est suffisamment faible maintenant pour reprendre l'image A″ avec des doublets dont nous avons parlé au § 1.3 (fig. 8). Ces doublets donnent en effet de bonnes images pourvu que l'ouverture numérique des faisceaux soit faible. On ob-

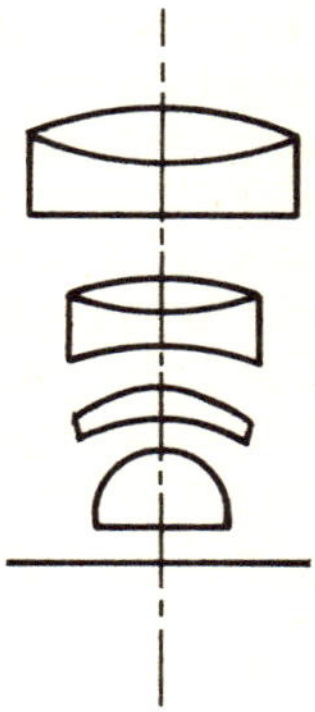

Fig. 48
Objectif achromatique

tient alors l'image finale agrandie que l'objectif doit produire. La figure 48 montre le schéma d'un objectif à immersion réalisé sur ce principe. Il faut noter que la demi-boule et le ménisque introduisent une forte aberration chromatique mais on peut la corriger en donnant aux doublets une forte aberration chromatique inverse. Avec les objectifs à sec, la face plane de la demi-boule introduit de l'aberration sphérique et du chromatisme. La correction d'ensemble est effectuée avec les doublets postérieurs. Pour les calculer, on distingue deux groupes de lentilles : 1) Un groupe antérieur formé par la demi-boule et le ménisque qui transforme le faisceau très ouvert en faisceau moins ouvert et qui est toujours entaché d'un fort chromatisme et souvent d'autres aberrations ; 2) Un groupe postérieur de doublets où l'on corrige plus facilement la grandeur des aberrations, car les faisceaux sont moins ouverts et qui sont chargés de corriger les aberrations du premier groupe. Le premier groupe ne diffère guère d'un objectif à un autre. C'est l'étude plus ou moins poussée du groupe postérieur qui permet d'augmenter plus ou moins l'ouverture numérique de l'objectif complet. Dans le cas des objectifs apochromatiques à grande ouverture numérique 1,3 ou 1,4, on arrive à utiliser

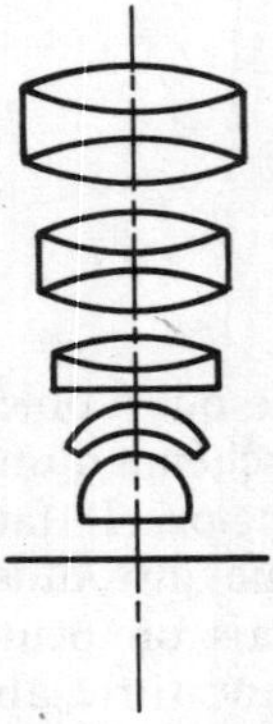

Fig. 49
Objectif apochromatique

dix lentilles collées ou non (fig. 49). Ces objectifs bien corrigés permettent d'atteindre la limite de séparation imposée par la diffraction.

Il existe des objectifs dans lesquels il n'y a que des éléments réfléchissants : les objectifs à miroirs. La figure 50 en montre un exemple. Les rayons issus du

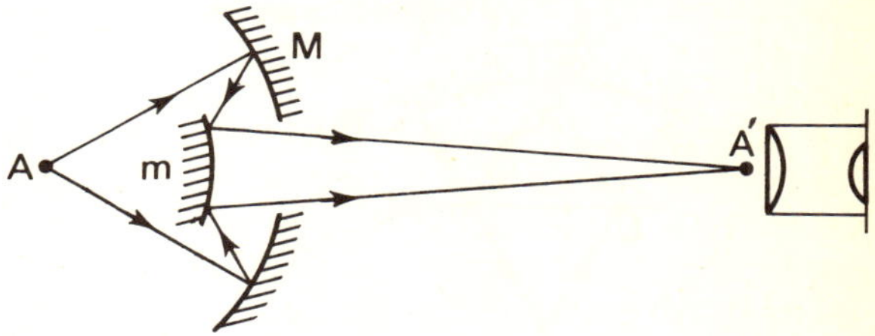

Fig. 50
Objectif à miroirs

point objet A sont réfléchis par le miroir concave M, puis par le miroir convexe *m*. Ils passent à travers une ouverture pratiquée dans le miroir M et convergent dans l'image A′ observée par l'oculaire O_c. Si les deux miroirs sont sphériques, on ne peut guère dépasser une ouverture numérique de 0,5. De tels objectifs ont l'avantage de ne pas posséder de chromatisme puisque l'objectif ne comporte que des réflexions. La mise au point faite dans le visible se conserve dans l'ultraviolet et l'infrarouge, ce qui est utile pour la microphotographie dans le visible.

Lorsqu'on veut manipuler une préparation, il n'est plus possible d'utiliser des objectifs puissants qui ont une frontale trop courte. Un objectif de grandissement 40 a généralement une frontale de 0,7 mm, ce qui ne permet aucune manipulation. Pour augmenter la frontale sans changer l'objectif, on peut utiliser le système de Dyson représenté par la figure 51.

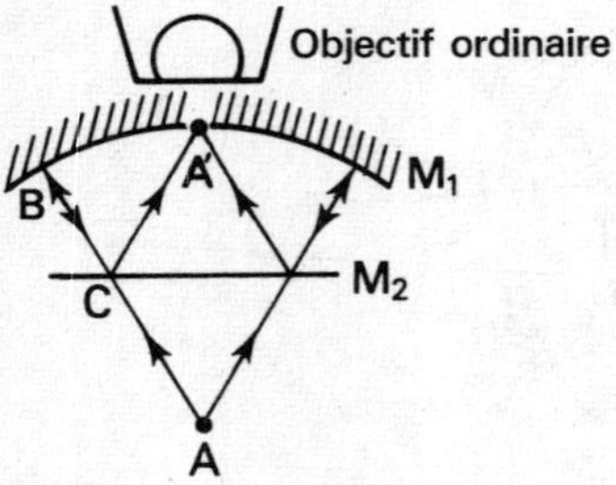

Fig. 51
Objectif à longue frontale de Dyson

L'objet A est au centre d'un miroir sphérique M_1 et une lame semi-réfléchissante M_2 est interposée à mi-distance. Un rayon AB traverse C, se réfléchit en B, revient en C où il se réfléchit sur M_2 pour aboutir en A′ où le miroir M_1 comporte une petite ouverture. On obtient en A′ une image de A pratiquement parfaite et on a un large intervalle entre A et M_2 pour manipuler la préparation. En fait la lame M_2 introduit un peu d'aberration sphérique qui est corrigée en donnant à M_2 une forme légèrement convexe.

II. — Les oculaires

Les oculaires sont plus faciles à réaliser que les objectifs, car ils sont traversés par des faisceaux de rayons peu ouverts. La correction de l'aberration sphérique et de la coma qui était fondamentale pour l'objectif qui reçoit des faisceaux très ouverts est presque inutile pour un oculaire. Pour le chromatisme, on réalise une correction apparente : les images des diverses couleurs sont vues, après correction, sous le même angle apparent, mais elles sont à des distances différentes de l'œil. On réalise cette condition même si l'objectif n'est pas lui-même bien corrigé et s'il donne des images colorées de grandeurs différentes. On reporte alors sur l'oculaire une partie des corrections nombreuses imposées à l'objectif. Un oculaire calculé spécialement pour compléter la correction d'un objectif est un oculaire compensateur.

Dans un objectif les faisceaux sont pratiquement centrés sur l'axe, tandis que dans un oculaire les faisceaux qui proviennent de différents points de l'image sont des faisceaux excentrés qui traversent des parties différentes des lentilles de l'oculaire. Il en résulte de la distorsion et de l'astigmatisme, aberrations qui n'apparaissent guère dans un objectif. Ces deux aberrations ont été étudiées au chapitre premier.

On distingue deux parties dans un oculaire : une lentille placée très près de l'image donnée par l'objectif, c'est le verre de champ. Son rôle est surtout de renvoyer les rayons vers l'axe optique. Derrière le verre de champ, une deuxième lentille qui est une véritable loupe donnant de la dernière image une image à l'infini. Les oculaires sont de deux types : les oculaires positifs et négatifs. Dans un oculaire positif, l'image fournie par l'objectif se forme avant que les rayons ne pénètrent dans l'oculaire. Dans un oculaire négatif les rayons sont interceptés avant la

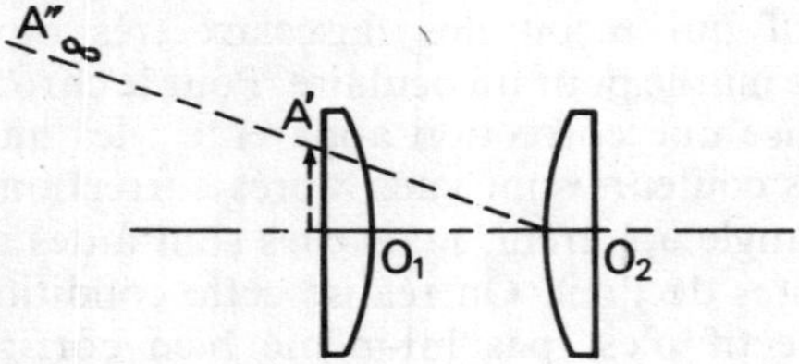

Fig. 52
Oculaire de Ramsden

formation de cette image. La figure 52 montre l'oculaire positif de Ramsden constitué par deux verres identiques dont l'intervalle est égal à leur focale. L'image A′ donnée par l'objectif est donc pratiquement au foyer de la lentille O_2 et l'image finale A″ est rejetée à l'infini. La lentille O_2 est le « verre d'œil ». L'oculaire a la même puissance que si le verre de champ

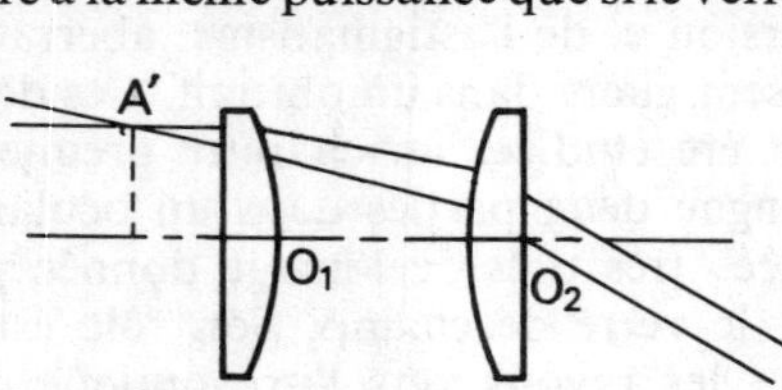

Fig. 53
Le verre de champ rapproche les rayons du centre du verre d'œil

était absent. Mais grâce à ce dernier, les rayons sont rapprochés du centre de la deuxième lentille O_2 (fig. 53) ; l'astigmatisme et la distorsion sont très diminués et l'achromatisme apparent réalisé.

Dans l'oculaire de Kellner (fig. 54) on améliore la

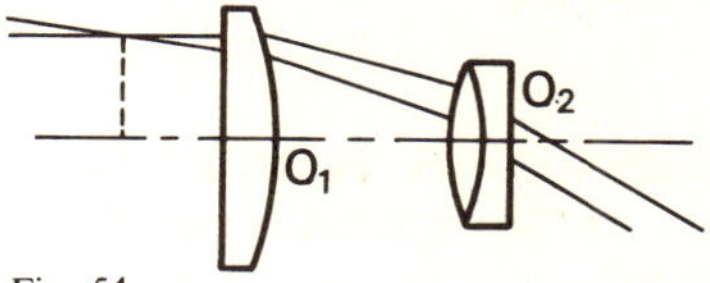

Fig. 54
Oculaire de Kellner

correction du chromatisme et de la distorsion en remplaçant le verre d'œil par un doublet collé qui corrige l'aberration sphérique et la distorsion. Les deux éléments sont un peu plus rapprochés que dans l'oculaire de Ramsden, ce qui évite que les poussières déposées sur le verre de champ soient vues nettes et grossies. Les oculaires positifs sont utilisés surtout dans les microscopes destinés à faire des mesures. Il est en effet nécessaire de placer un réticule ou une échelle divisée sur verre dans le plan de l'image fournie par l'objectif. On peut le faire avec un oculaire positif mais pas avec un oculaire négatif, puisque les rayons lumineux sont interceptés avant la formation de l'image.

La figure 55 montre l'oculaire négatif d'Huygens qui est l'un des plus employés. Le verre de champ est deux ou trois fois moins convergent que le verre d'œil. La distance entre les deux lentilles est, comme

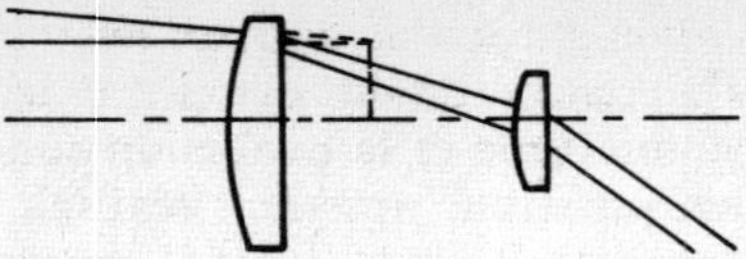

Fig. 55
Oculaire d'Huygens

dans les oculaires positifs, égale à la moyenne des focales des deux lentilles qui est la condition d'achromatisme apparent.

III. — **Les condenseurs**

Le condenseur d'un microscope doit permettre de réaliser une ouverture numérique voisine de celle de l'objectif et un éclairement uniforme du champ d'observation. Le condenseur le plus simple, le condenseur d'Abbe (fig. 56) ne comporte que deux lentilles et il

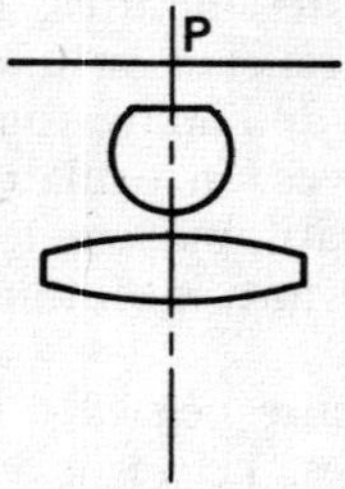

Fig. 56
Condenseur d'Abbe

n'est pas corrigé des aberrations. Pour la microphotographie, on a avantage à utiliser des condenseurs achromatiques corrigés de l'aberration sphérique. Comme les objectifs, ceux-ci comportent un grand nombre de lentilles (fig. 57).

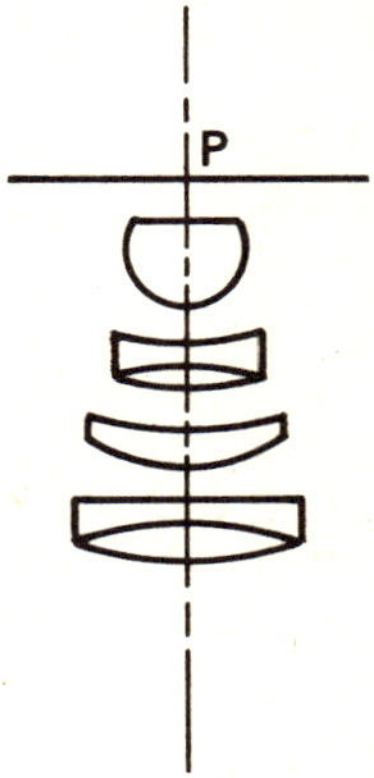

Fig. 57

Condenseur corrigé du chromatisme et de l'aberration sphérique

CHAPITRE V

MICROSCOPIE DES OBJETS TRANSPARENTS

I. — Les préparations en biologie

Les objets à examiner sous forts grossissements doivent subir une préparation minutieuse avant de pouvoir être observés au microscope. De nombreux ouvrages ont été écrits pour exposer les techniques de préparation des objets. Nous nous limiterons ici à donner seulement quelques indications sur ces techniques.

Généralement les préparations sont constituées par des coupes minces de tissus animaux ou végétaux. Un fragment de tissu est imprégné d'alcool par immersion dans des mélanges d'alcool et d'eau de plus en plus riches en alcool jusqu'à l'alcool absolu. On le plonge ensuite dans du xylène qui se substitue à l'alcool et rend le fragment plus transparent. On le place alors dans de la paraffine fondue à une température inférieure à 60° pour ne pas risquer de détruire les structures que l'on veut observer. Lorsque la paraffine a bien pénétré dans le tissu, on place le fragment dans une petite cuve pleine de paraffine fondue. On refroidit le tout et le fragment se trouve ainsi emprisonné dans le bloc de paraffine, déshydraté, sa structure étant consolidée suffisamment pour l'opération suivante. Celle-ci s'effectue sur un appareil appelé microtome qui coupe le bloc de paraffine en tranches minces de quelques micromètres. Les coupes sont ensuite appliquées à plat sur une lamelle de verre, le porte-objet, et hydratées progressivement puis colorées. On les déshydrate progressivement à nouveau et on les clarifie au xylol avant de les monter avec une résine transparente. La préparation est ensuite protégée avec une lamelle couvre-objet.

La coloration est une opération très importante, car sans elle la plupart des préparations sont transparentes et invisibles au microscope ordinaire. De nombreux colorants sont utilisés et selon la nature du colorant les structures révélées sont différentes. Les colorants se fixent sélectivement sur certaines parties et les rendent discernables. La technique que nous venons d'indiquer n'est pas la seule, il en existe d'autres.

Naturellement, une préparation telle que nous venons de la décrire, c'est-à-dire fixée puis colorée ne montre que des tissus morts. Il est bien évident que le biologiste est toujours désireux, lorsque cela est possible, d'étudier des tissus vivants. Il existe des méthodes qui permettent d'étudier des objets vivants dans des conditions aussi favorables que par les procédés de coloration des tissus morts d'où leur grande importance. Il faut noter que l'on rencontre des objets transparents non seulement en biologie mais aussi dans d'autres domaines. Par exemple en métallurgie, dans l'étude des états de surface. Certes, ce sont des objets opaques mais les inégalités d'une surface métallique polie, de pouvoir réflecteur uniforme, se comportent comme des objets de phase et les techniques suivantes leur sont applicables comme pour les objets transparents.

II. — **Le microscope à fond noir**

Dans le microscope à fond noir on éclaire l'objet transparent de façon que dans les régions de la préparation où il n'y a aucun détail, les rayons ne pénètrent pas dans l'objectif. Seuls les rayons diffusés par les détails de la préparation traversent l'objectif et concourent à la formation de l'image. Les détails de la préparation apparaissent donc lumineux sur fond sombre, d'où le nom de méthode du fond noir.

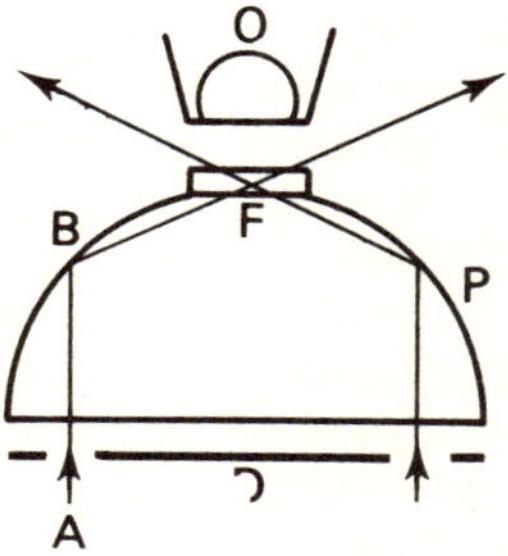

Fig. 58

Condenseur parabolique à fond noir

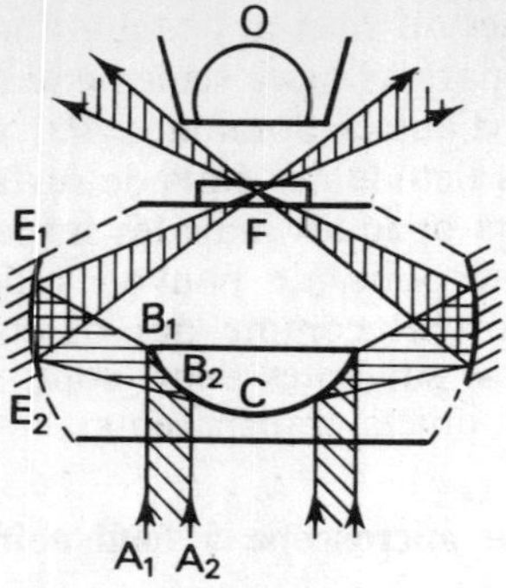

Fig. 59
Condenseur cardioïde à fond noir

Les figures 58 et 59 montrent deux dispositifs d'éclairage en fond noir parmi les plus connus. Ce sont des condenseurs qui remplacent le condenseur ordinaire du microscope. Ils sont constitués par des blocs de verre limités par des surfaces de révolution stigmatiques ou aplanétiques par réflexion. La figure 58 représente le condenseur parabolique. Un rayon incident tel que AB subit la réflexion totale en B sur la parabole P et aboutit au foyer F où se trouve la préparation. Le rayon BF est trop incliné pour pénétrer dans l'objectif et seuls les détails diffractent de la lumière qui pénètre dans l'objectif O du microscope. Un écran circulaire opaque D empêche les rayons centraux d'entrer dans le condenseur. La préparation est donc éclairée par un anneau lumineux. La figure 59 représente le condenseur cardioïde où C est un cercle et C′ une cardioïde. Les rayons A_1 B_1 E_1 F et A_2 B_2 E_2 F sont les deux rayons limites qui, après réflexion sur C et C′, peuvent parvenir en F sur la préparation.

L'éclairage fond noir met bien en évidence de petits détails isolés les uns des autres comme des particules mais dans le cas d'objets étendus, il produit par diffraction des modifications apparentes de la structure des images qui peuvent conduire à des erreurs d'interprétation, c'est pourquoi le fond noir n'est que rarement utilisé en biologie.

III. — **Le microscope à contraste de phase**

On rencontre souvent en microscopie des préparations dont les détails sont invisibles, non pas parce qu'ils sont trop petits, mais seulement parce qu'ils manquent de contraste. C'est le cas de certaines bactéries qui ne présentent aucune coloration et sont aussi transparentes que le liquide dans lequel elles baignent. Ces petits objets ont seulement un indice de réfraction légèrement différent de celui du milieu qui les entoure. Ce sont des objets de phase que la méthode du contraste de phase imaginée par Zernike a pour but de mettre en évidence.

Considérons un objet transparent A, par exemple une bactérie d'indice de réfraction *n* peu différent de l'indice *n′* du liquide dans lequel elle est immergée (fig. 60). La lumière qui traverse la bactérie (V_1)

est un peu en retard sur la lumière qui passe à côté (V_2) si $n > n'$. La différence des chemins optiques est $\Delta = (n - n')e$ où e est l'épaisseur de la bactérie. Nous supposons Δ petit par rapport à la longueur d'onde de la lumière. Sur la figure 60 les

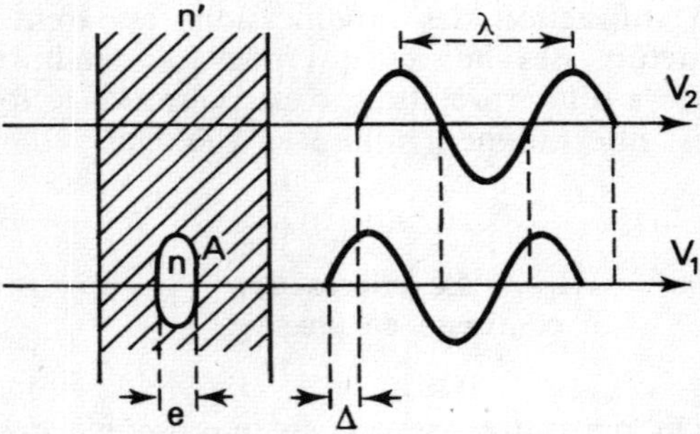

Fig. 60

Différence de marche produite par une particule d'indice $n \neq n'$

sinusoïdes V_1 et V_2 représentent les vibrations lumineuses. La vibration V_1 est en retard de Δ par rapport à la vibration V_2. Les amplitudes des vibrations V_1 et V_2 sont égales puisque la bactérie est aussi transparente que le liquide dans lequel elle se trouve. Représentons une partie des sinusoïdes V_1 et V_2 sur la figure 61. Il est facile de voir que la vibration V_1 qui a traversé la bactérie est la somme de deux vibrations : la vibration V_2 qui a traversé le champ en

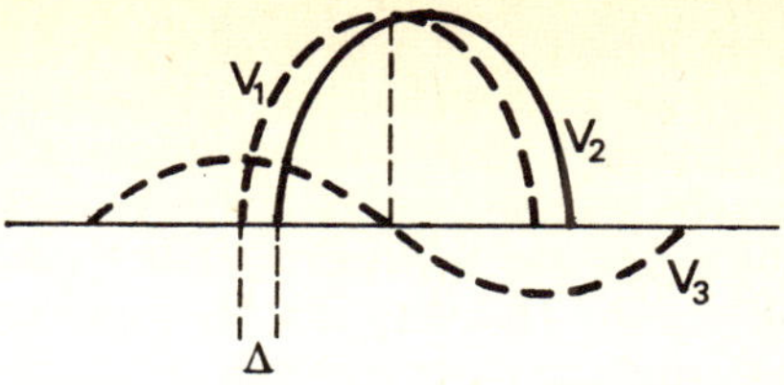

Fig. 61
Disposition des vibrations

dehors de la bactérie et une vibration V_3 de faible amplitude et décalée de $\lambda/4$ par rapport à V_2. Il suffit de faire la somme des ordonnées de V_2 et V_3 pour le constater. Ces vibrations jouent un rôle important pour comprendre le principe de la méthode. Reprenons le schéma d'un microscope pour voir la signification physique des vibrations précédentes (fig. 62). La préparation P est éclairée par un faisceau de rayons parallèles qui après traversée de la préparation et de l'objectif converge dans le plan

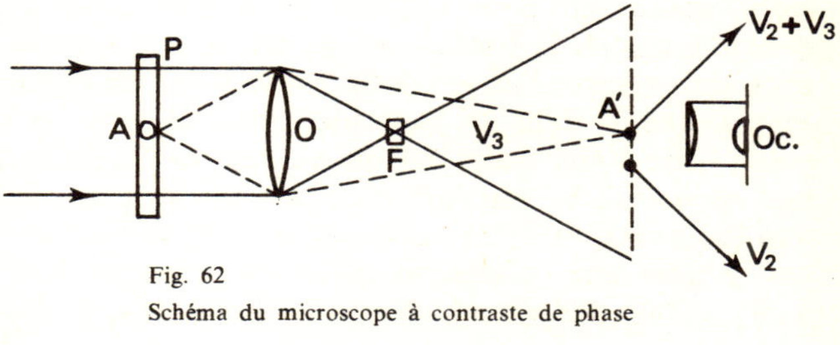

Fig. 62
Schéma du microscope à contraste de phase

focal F de l'objectif. C'est la lumière d'éclairage. Sous l'action de ce faisceau, les détails de la préparation diffractent de la lumière qui couvre l'objectif. Le faisceau en pointillé sur la figure 62 représente la lumière diffractée par le détail A. Elle converge dans l'image A′ de A. La vibration V_2 représente la lumière d'éclairage qui passe à côté de A. La vibration V_3 représente la lumière diffractée par la bactérie A. S'il n'y a pas de bactérie $\Delta = 0$, la vibration V_3 disparaît comme on le voit sur la figure 61. Si l'objectif O du microscope a une ouverture suffisante, on peut admettre pour simplifier que l'état vibratoire est le même dans le plan image P′ que dans le plan de la préparation (on ne se préoccupe pas de la limite de séparation). Dans l'image A′ de la bactérie, la vibration est représentée par $V_2 + V_3$ et, à côté de la bactérie, par V_2. Soient ε l'amplitude de V_3 et a celle de V_2. A côté de la bactérie, l'intensité lumineuse, proportionnelle au carré de l'amplitude est a^2. Dans l'image de la bactérie, les vibrations V_2 et V_3 ayant une différence de chemin optique égale à $\lambda/4$, la théorie montre que l'intensité résultante est la somme des carrés des amplitudes $a^2 + \varepsilon^2$. Mais ε étant petite, on peut négliger ε^2 et l'intensité a^2 dans l'image de la bactérie est la même que dans le reste du champ : l'image de la bactérie est invisible. Plaçons en F dans le plan focal de l'objectif une petite lame d'épaisseur telle qu'elle retarde V_2 de $\lambda/4$ par rapport à V_3 (fig. 62). Ceci est possible, car la lumière d'éclairage correspondant à V_2 est très étroite en F, alors que la lumière diffractée correspondant à V_3 s'étale largement dans ce plan. Puisque V_3

était en retard de $\lambda/4$ sur V_2 et que la petite lame en F retarde V_2 de $\lambda/4$ les vibrations V_2 et V_3 se retrouvent en phase (fig. 63). L'amplitude dans l'image de la bactérie est la somme $a + \varepsilon$ des amplitudes a et ε et l'intensité est $(a + \varepsilon)^2$. Mais en négligeant ε^2 l'intensité dans l'image de la bactérie est $a^2 + 2a\varepsilon$. Grâce à la lame en F, dite lame de phase, il reste un

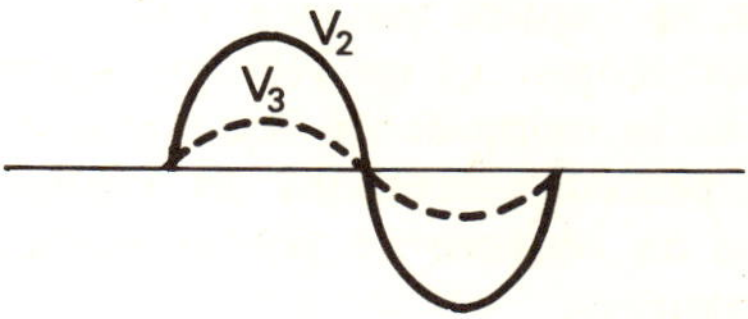

Fig. 63
Ondes V_2 et V_3 en phase grâce à la lame de phase

terme en ε et l'intensité $a^2 + 2a\varepsilon$ dans l'image de la bactérie est différente de l'intensité a^2 dans le reste du champ. La bactérie devient visible. D'après la définition du contraste d'une image donnée au § 2.4, le contraste est ici $\gamma = \varepsilon/a$ donc faible. On peut améliorer le contraste de l'image de la bactérie en rendant la lame de phase absorbante. Supposons que l'intensité de la lumière qui traverse la lame de phase soit réduite par un facteur N (en amplitude $\sqrt{N}$). Le contraste devient $\varepsilon \sqrt{N}/a$: on peut donc l'augmenter et rendre les détails parfaitement visibles. A la limite en rendant la lame de phase opaque, on pourrait croire que la sensibilité est maximale. En fait l'expérience montre que ce n'est pas exact. Si la lame de phase est opaque, la seule lumière qui passe est la lumière diffractée dont l'amplitude est ε. L'intensité dans l'image de la bactérie est ε^2 qu'on ne peut plus négliger, puisqu'il n'y a pas d'autres termes. A côté de l'image de la bactérie, l'intensité est nulle ; l'image est brillante sur fond noir. Mais si ε est petite, ε^2 est encore plus petite. Cela veut dire que l'intensité dans l'image de la bactérie est faible et par suite de la lumière parasite toujours présente dans un microscope, on ne voit pratiquement pas d'image. C'est la méthode du fond noir dont nous avons parlé précédemment qui est néanmoins utilisable lorsqu'on observe de petites particules pratiquement opaques.

Avec un microscope à contraste de phase des micro-organismes vivants sont accessibles à l'étude directe sans qu'il soit nécessaire de les tuer, de les sécher et de les colorer. Les diverses méthodes de préparation d'échantillons pour le microscope ordinaire risquent toujours d'altérer les tissus ; la méthode du contraste de phase fournit un autre moyen d'investigation qui montre d'autres aspects et complète les méthodes anciennes d'examen.

Le schéma de la figure 62 n'est qu'un schéma de principe. Sur cette figure, le faisceau incident est un faisceau de rayons parallèles ; il faudrait donc presque fermer le condenseur, ce qui donnerait un éclairage cohérent et des images de mauvaises qualités. On préfère utiliser un diaphragme annulaire dans le plan focal du condenseur et une lame de phase annulaire dans le plan focal de l'objectif. L'éclairage est beaucoup moins cohérent et les images de meilleure qualité. En général, dans les objectifs puissants, la lame de phase est déposée sur une face de l'une des lentilles de l'objectif, le plus près possible du plan focal de l'objectif. Dans le cas d'un objectif à immersion,

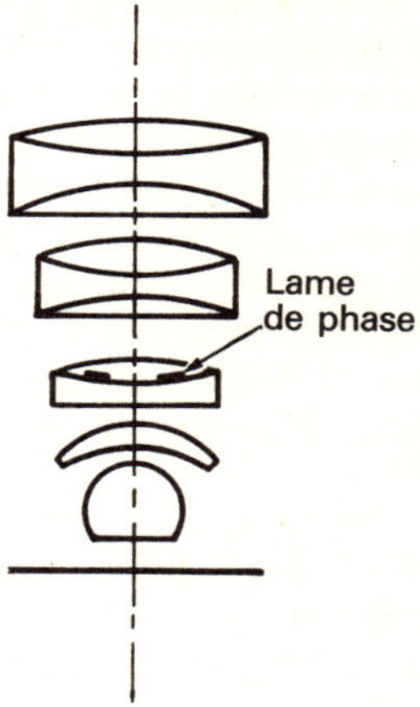

Fig. 64
Position de la lame de phase dans un objectif à grande ouverture numérique

elle est déposée sur l'une des faces du premier doublet (fig. 64). La lame de phase est obtenue par évaporation dans le vide, par exemple par un dépôt de cryolite en contrôlant l'épaisseur. Un autre dépôt permet de régler l'absorption à une valeur convenable. Le diaphragme annulaire placé dans le plan focal du condenseur doit être tel que son image dans le plan focal de l'objectif recouvre exactement la lame de phase. De cette façon, toute la lumière d'éclairage provenant du diaphragme annulaire traverse la lame de phase, tandis que la lumière diffractée par les détails de la préparation remplit l'ouverture de l'objectif. Pour régler la coïncidence de l'image de l'anneau avec la lame de phase, on met à la place de l'oculaire un petit viseur qui permet de faire la mise au point sur la lame de phase. On règle alors la coïncidence en déplaçant le diaphragme annulaire. Le condenseur est le même pour les différents objectifs mais il est muni de plusieurs diaphragmes annulaires interchangeables, chacun d'eux étant adapté à un objectif particulier. L'éclairage de Köhler est utilisé et le diaphragme annulaire choisi se place en D_2 sur la figure 34.

Le dispositif à lame de phase annulaire qui vient d'être décrit est le plus courant, mais il existe d'autres systèmes plus complexes permettant divers réglages supplémentaires portant sur le déphasage ou sur l'absorption. Le déphasage peut produire un contraste de phase positif ou négatif : il est dit positif si un détail d'indice plus élevé dans l'objet est vu plus sombre que le milieu qui l'entoure. Il est négatif dans le cas contraire.

Le contraste de phase n'améliore pas la limite de séparation du microscope puisque celle-ci est fixée par les phénomènes de diffraction. Le microscope à contraste de phase se propose seulement de rendre visibles les objets déphasants invisibles au microscope ordinaire. Ses applications sont nombreuses : en biologie, il permet l'étude des noyaux des cellules, de leurs membranes, des tissus cancéreux, du sang, des bactéries. Il est utilisé aussi dans d'autres domaines par exemple comme dans l'étude des émulsions, des fibres textiles, des cristaux transparents, etc.

IV. — **Microscopie des objets réfléchissants**

Les objets transparents et les objets réfléchissants se comportent comme des objets de phase. Les méthodes appliquées aux uns peuvent s'appliquer aux autres. Utilisé par réflexion, le fond noir rend visibles les petites altérations de la planéité d'une surface réfléchissante, les rayons réfléchis ne pénètrent pas dans l'objectif : seules les petites irrégularités de la surface plane envoient de la lumière diffractée dans l'objectif et sont vues brillantes sur fond noir.

La méthode dite de la « fente de Schmaltz » permet aussi de détecter des inégalités de surface. Dans cette méthode, on projette obliquement sur la surface l'image d'une fente. Les inégalités de surface déforment l'image de la fente : de l'étude de ces déformations on peut en déduire l'épaisseur des irrégularités.

Le contraste de phase est utilisé aussi pour étudier les déformations des objets réfléchissants. Dans un microscope à contraste de phase en lumière réfléchie, la lame de phase n'est plus localisée dans l'objectif. Il existe différents types de microscopes dans lesquels l'image du diaphragme annulaire est reprise par un véhicule optique de façon à former son image sur la lame de phase située hors de l'objectif. En métallurgie, le léger relief après polissage, dû à des différences de dureté, est parfaitement visible au microscope à contraste de phase.

V. — Microscopie interférentielle des objets transparents

Les méthodes interférentielles sont applicables également aux objets transparents et aux objets réfléchissants. Le principe des méthodes interférentielles est donné sur la figure 65. Un rayon incident provenant de la source S est divisé en deux rayons en M. La division en deux rayons peut se faire par exemple

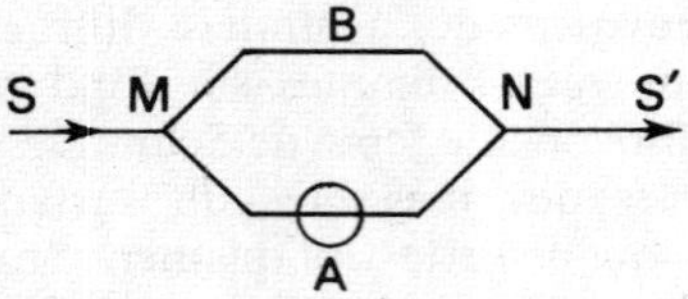

Fig. 65
Principe d'un interféromètre

par une lame de verre semi-réfléchissante. Si l'objet transparent n'est pas présent, la différence des chemins MBN et MAN, réglée par l'interféromètre, a une valeur bien déterminée. L'intensité le long du rayon NS′ est fixée par les interférences des deux rayons MBN et MAN et a également une valeur bien déterminée. Le fait d'introduire l'objet transparent A sur l'un des deux trajets, MAN par exemple, modifie la différence de ces deux trajets. L'intensité varie et l'objet transparent A devient visible. L'explication est donnée par les figures 66 et 67. La sinusoïde (1) sur la figure 66 représente la vibration qui suit le chemin MBN et la vibration (2) celle qui suit le chemin MAN lorsqu'il n'y a pas d'objet ou, ce qui revient au même, lorsque les deux chemins passent à côté de l'objet. Pour que les vibrations (1) et (2) aient la disposition de la figure 66, il faut que

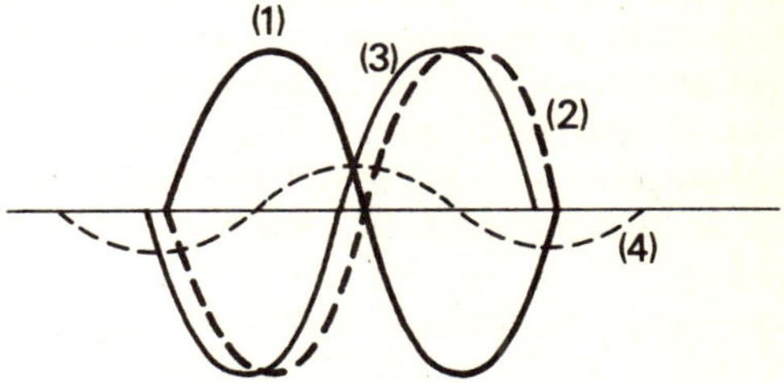

Fig. 66

Disposition des vibrations

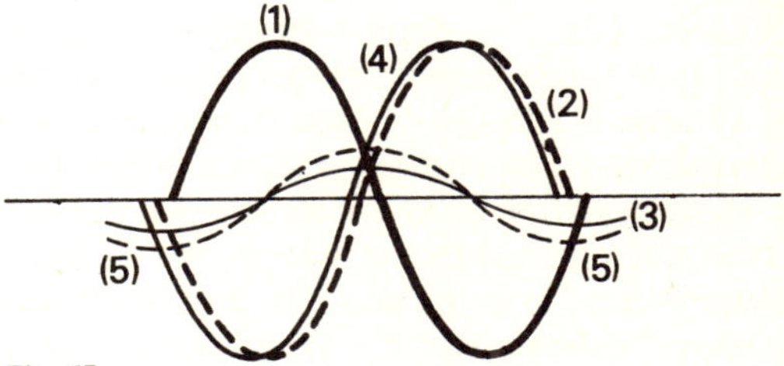

Fig. 67

Disposition des vibrations à la sortie de l'interféromètre

la différence des chemins soit telle que les vibrations (1) et (2) soient en opposition, ce que l'on peut toujours réaliser en réglant l'interféromètre. A partir de N, ces deux vibrations se détruisent puisqu'elles sont en opposition. Le champ d'observation est noir. Si l'objet A est présent, la vibration (2) est un peu retardée et devient la sinusoïde (3). On a vu à propos du contraste de phase qu'une telle vibration peut être considérée comme la somme des deux vibrations (2) et (4) décalées d'un quart de période. Or la vibration (2) se détruit avec (1) et il reste seulement la vibration (4) qui est la vibration diffractée par l'objet A. Par conséquent, l'objet apparaît brillant sur fond noir. La méthode interférentielle permet donc de réaliser un fond noir sans obturation des faisceaux.

Supposons maintenant que l'on réalise entre les deux trajets MBN et MAN, sans l'objet A, une différence de marche non plus égale à $\lambda/2$, mais très voisine de $\lambda/2$. La sinusoïde (1) de la figure 67 représente la vibration qui suit le chemin MBN et la vibration (2) celle qui suit le trajet MAN sans l'objet A. L'ensemble de ces deux vibrations donne la vibration (3) de faible amplitude qui représente l'amplitude du champ à côté de l'objet. Lorsque ce dernier est interposé on a à composer la vibration (1) qui suit le chemin MBN et la vibration (4) qui suit le trajet MAN en traversant l'objet A. Toujours de la même façon, la vibration (4) peut être décomposée en deux vibrations : la vibration (2) et la vibration (5). Or la vibration (2) donne elle-même avec la vibration (1), la vibration (3). Donc les vibrations qui suivent les deux chemins MBN et MAN, lorsque l'objet A est présent, se réduisent aux deux vibrations en phase (3) et (5). En résumé, on a les vibrations suivantes :

a) la vibration (3) qui définit l'amplitude lumineuse à côté de l'objet ;
b) Les vibrations (3) et (5) dont la somme définit l'amplitude lumineuse dans l'objet.

Ces deux amplitudes étant différentes, il en est de même des intensités et l'objet transparent devient visible. On a une image analogue à celle obtenue en contraste de phase.

Dans les microscopes interférentiels destinés à l'étude des objets transparents, les ondes sont séparées par un dispositif optique conçu et ajouté spécialement à cet effet. Il en résulte que la complexité instrumentale est plus grande et que les réglages sont plus difficiles. Ces microscopes tendent à être remplacés par les microscopes interférentiels à polarisation qui seront décrits au § 5.7.

VI. — **Microscopie interférentielle des objets réfléchissants**

Les figures 66 et 67 s'appliquent aussi au principe des interférences en lumière réfléchie en remplaçant la figure 65 par la figure 68. Un rayon incident SM se divise en deux rayons par suite de la présence de la lame semi-réfléchissante G inclinée à 45°. Un rayon suit le chemin MAMS′ et l'autre le chemin MBMS'. Ces deux rayons se réfléchissent sur les miroirs plans m_1 et m_2, puis interfèrent le long du rayon MS'. L'objet réfléchissant est en A sur l'un des deux chemins. On peut modifier la différence

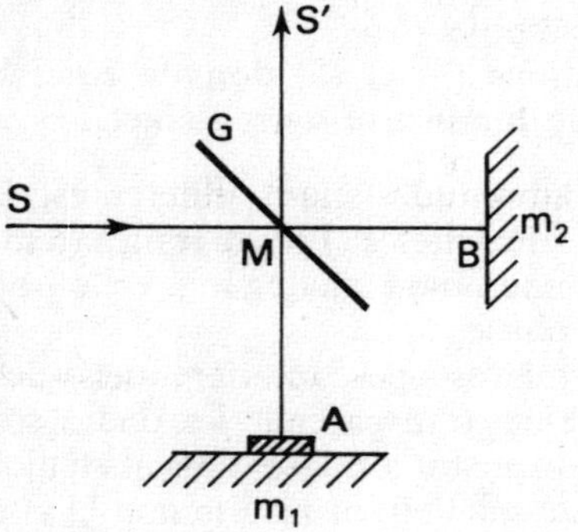

Fig. 68
Principe d'un interféromètre en lumière réfléchie

des chemins MAMS' et MBMS' en approchant ou en éloignant le miroir m_2 de la lame semi-réfléchissante G et obtenir les effets décrits au paragraphe précédent.

L'un des microscopes interférentiels en lumière réfléchie les plus connus est représenté sur la figure 69. La lumière provenant de la source S est divisée en deux parties égales par la lame semi-réfléchissante G inclinée à 45°. Une partie se réfléchit sur G, traverse l'objectif O_1 et après réflexion sur l'objet à étudier m_1 (surface réfléchissante plane) revient en arrière, tra-

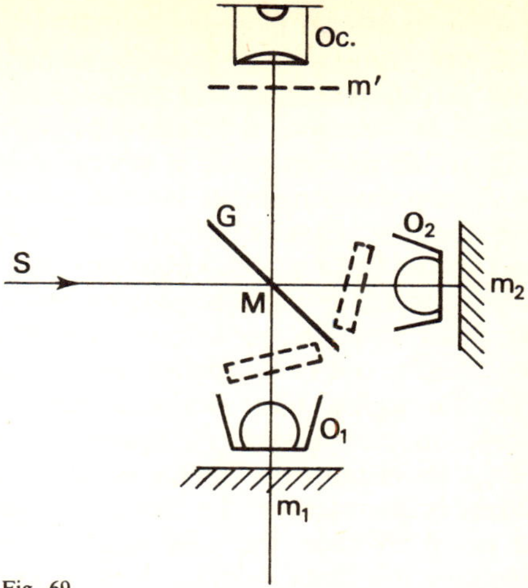

Fig. 69

Microscope interférentiel en lumière réfléchie

verse à nouveau O_1 puis G et va vers l'oculaire O_C. L'autre partie effectue un trajet identique. Après traversée de la lame G, et de l'objectif O_2, elle se réfléchit sur le miroir plan réfléchissant m_2, revient en arrière, traverse l'objectif O_2, se réfléchit sur G et va vers l'oculaire. Les deux objectifs doivent être aussi identiques que possible mais comme cela est très difficile, on introduit deux lames de verre à faces parallèles et planes, de même épaisseur, une dans chaque faisceau et l'on égalise les deux chemins par inclinaison de l'une des lames. Elles sont représentées en pointillé sur la figure 69. Si les deux chemins sont identiques, les ondes partielles séparées par G se retrouvent en exacte coïncidence dans le plan image m', observé à l'aide de l'oculaire O_C. Leurs vibrations sont en phase et se renforcent. L'œil voit un champ uniformément lumineux si m_1 et m_2 sont parfaitement plans. Si m_1 (ou m_2) possède des irrégularités de surface, les vibrations qui arrivent dans le plan image m' ne sont plus en phase. Si, par exemple, elles sont en opposition dans l'image de l'un des détails, celui-ci apparaît en noir sur fond lumineux. En réglant l'une des deux lames de verre auxiliaires, on peut mettre en opposition les deux ondes dans les régions de l'image m' où il n'y a pas d'irrégularités de surface. Le détail apparaît alors brillant sur fond noir. Par une légère modification du déphasage des deux ondes, on peut leur donner une différence de phase non plus égale à π mais très voisine de π. L'image est alors semblable à une image en contraste de phase.

Si on incline très légèrement le miroir m_2 autour d'un axe situé dans son plan, il n'y a aucun changement d'intensité lumineuse le long de cet axe mais l'aspect change sur les régions situées de part et d'autre de cet axe et qui ont été rapprochées ou éloignées. Il apparaît des franges d'interférences rectilignes et parallèles à l'axe d'inclinaison. En lumière monochromatique, ces franges dessinent sur m_2 le lieu des points qui se sont déplacés d'une distance égale à un nombre entier de longueurs d'onde par suite de l'inclinaison. Dans le cas où les deux miroirs m_1 et m_2 sont parfaitement plans, on a l'aspect de la

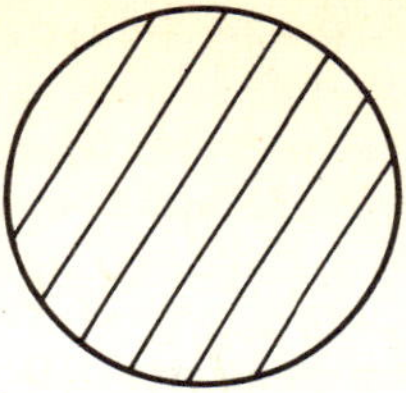

Fig. 70
Utilisation des franges d'interférences

figure 70. S'il y a des irrégularités de surface sur m_1 (ou m_2) les franges sont déformées comme le montre la figure 71. Le détail A montre un déplacement égal à une demi-longueur d'onde $\lambda/2$. Mais puisque les

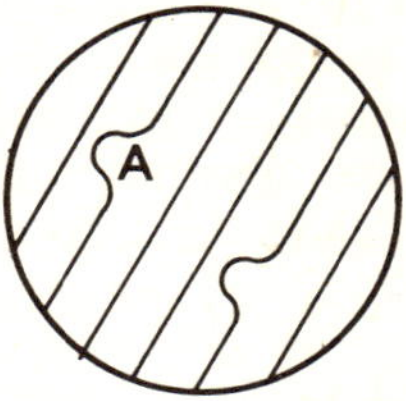

Fig. 71
Déformations des franges par les objets transparents

rayons se réfléchissent sur m_1 (ou m_2) la différence des chemins est doublée et le détail A produit un déplacement non pas égal à $\frac{\lambda}{2}$, mais égal à $\frac{\lambda}{4}$. Avec la méthode en teinte plate décrite au début de ce paragraphe, on « voit » l'image du détail. Avec la méthode des franges, le détail est décelé par des déplacements de franges. Cette dernière méthode facilite les mesures.

VII. — Microscopes interférentiels utilisant les phénomènes de polarisation

On peut admettre que les ondes lumineuses sont émises par trains d'ondes provenant des divers atomes de la source (§ 2.1). Mais la vibration lumineuse change de forme et d'orientation au hasard pendant la durée d'un train d'ondes et d'un train d'ondes à un autre. Les vibrations d'un atome sont, en effet, interrompues ou perturbées par des chocs ou amorties par suite de la perte d'énergie par rayonnement. Pour simplifier, on peut supposer que, pendant la durée d'un train d'ondes, la vibration reste rectiligne comme le montre la figure 72. Cela veut dire

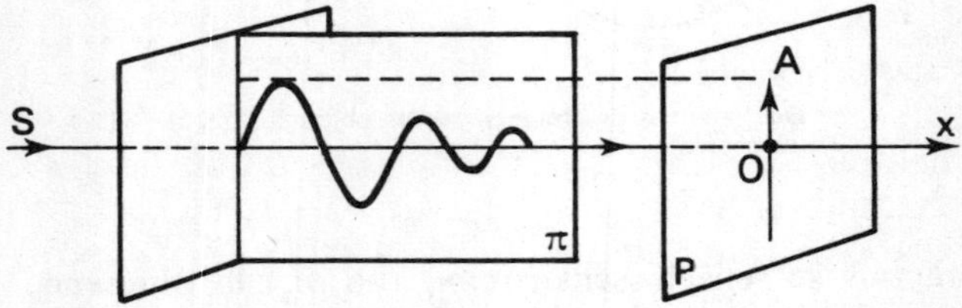

Fig. 72
Vibration pendant la durée d'un train d'ondes

qu'elle est située dans un plan π et qu'elle se projette sur un plan d'onde P suivant OA. Pour d'autres trains d'ondes émis par la source S suivant le rayon lumineux SX les orientations du plan π et les formes des vibrations auront changé de façon aléatoire. Ces vibrations se projettent sur un grand nombre de directions avec des amplitudes différentes comme le

Fig. 73
Symétrie de révolution de la lumière naturelle

montre la figure 73. Pour le récepteur, l'œil par exemple, qui ne peut percevoir qu'une moyenne des effets produits par les trains d'ondes successifs, tout se passe comme si un rayon lumineux possédait une symétrie complète par rapport à lui-même, c'est-à-dire la symétrie de révolution. Il n'y a pas de direction privilégiée dans la direction des vibrations émises par la source. On dit que la source émet de la lumière naturelle. Le soleil, les étoiles, les sources lumineuses thermiques émettent de la lumière naturelle. Il existe en optique des appareils qui sélectionnent une direction de vibration dans un faisceau de lumière naturelle. Ces appareils sont appelés des polariseurs : les polaroïdes sont les polariseurs les plus connus.

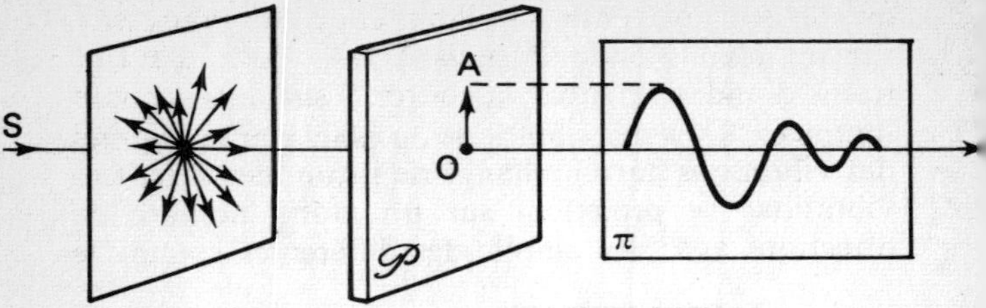

Fig. 74
Action d'un polariseur $\mathscr{P}$ sur la lumière naturelle

Le polariseur $\mathscr{P}$ (fig. 74) ne laisse passer que des vibrations rectilignes ayant une direction déterminée, OA, par exemple. On dit que la lumière est polarisée rectilignement. Naturellement la direction OA reste la même pour toutes les vibrations de tous les trains d'ondes. Elle ne dépend que du polariseur $\mathscr{P}$ et tourne avec lui.

On sait qu'un cristal est optiquement anisotrope si la vitesse de la lumière varie avec la direction dans le cristal. La surface d'onde dans un cristal est une surface assez compliquée, mais pour certains cristaux comme le spath, appelés cristaux uniaxes, la surface d'onde a la forme la plus simple. Elle est représentée sur les figures 75 et 76. La surface d'onde est composée de deux nappes : une sphère et un ellipsoïde de révolution. Il y a donc deux vitesses de propagation pour la lumière : une vitesse v_0 constante qu'elle que soit la direction du rayon lumineux et une vitesse qui peut varier entre v_0 et v_e. Si $v_0 > v_e$ (fig. 75)

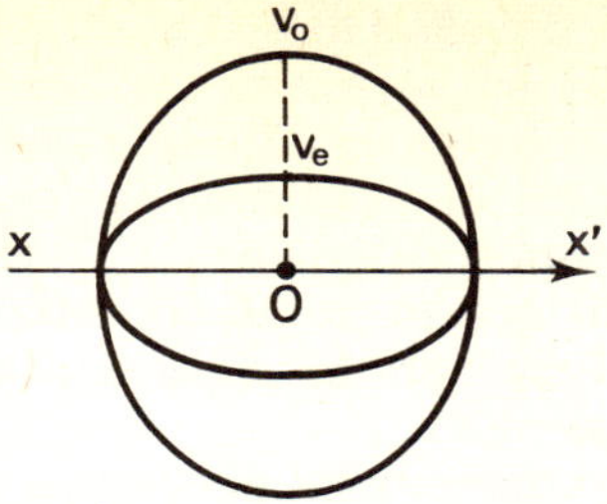

Fig. 75
Surface d'onde d'un milieu uniaxe positif (quartz)

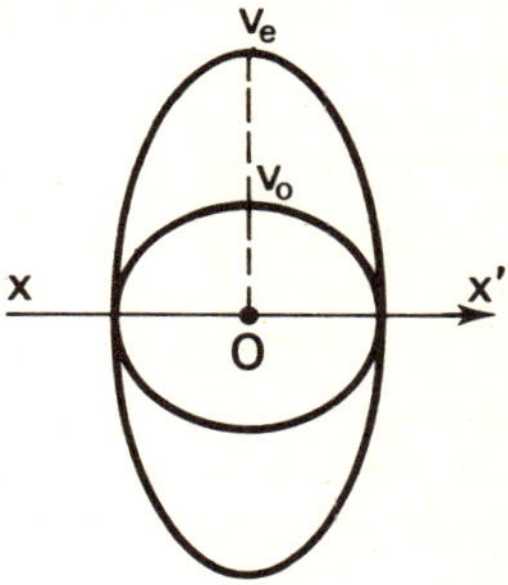

Fig. 76
Surface d'onde d'un milieu uniaxe négatif (spath)

le cristal est positif (ex. le quartz). Si $v_0 < v_e$ (fig. 76) le cristal est négatif (ex. le spath). A ces deux vitesses correspondent deux indices de réfraction $n_0 = c/v_0$ et $n_e = c/v_e$ où c est la vitesse de la lumière dans le vide. L'indice n_0 est l'indice ordinaire du cristal et n_e l'indice extraordinaire. On constate que suivant l'axe de révolution xx', les deux indices n_0 et n_e sont égaux. L'axe xx' est l'axe optique du cristal. Il faut noter qu'en parlant d'axe optique, on désigne seulement une direction et non pas un axe ayant une position déterminée à l'intérieur du cristal. Des rayons qui se propagent parallèlement à la direction de l'axe optique se propagent comme dans un milieu isotrope.

Ces quelques considérations permettent de comprendre la double réfraction et le principe des microscopes interférentiels à polarisation.

Considérons un cristal naturel de spath. Il se présente sous la forme d'un rhomboèdre (fig. 77). Les

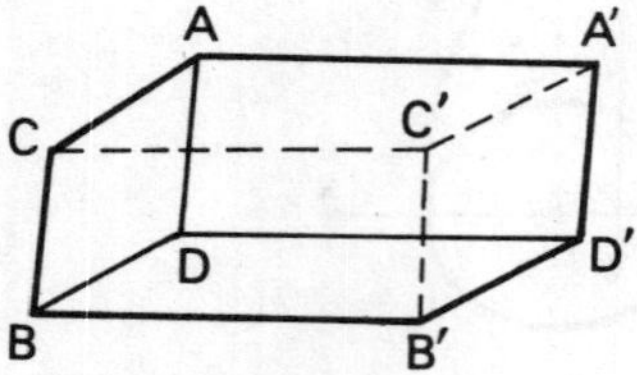

Fig. 77
Rhomboèdre de spath

deux surfaces ABCD et A' B' C' D' sont parallèles et l'axe optique est parallèle au plan ABA' B'. Il fait le même angle avec les trois faces qui se raccordent en A. Par suite de l'existence de deux indices, l'un n_0 ordinaire et l'autre n_e extraordinaire, un rayon incident SI (fig. 78) normal à la face ABCD se dédouble en pénétrant dans le cristal. On observe un

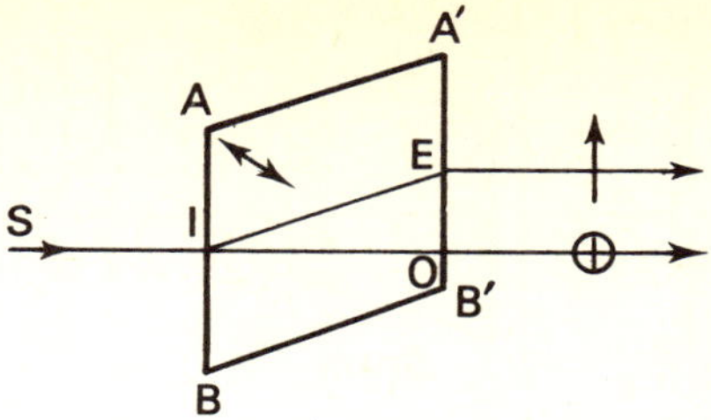

Fig. 78
Double réfraction dans un cristal de spath

rayon IO non dévié qui est le rayon ordinaire et un rayon IE, appelé rayon extraordinaire. A la sortie du cristal ces deux rayons sont parallèles. Si le rayon SI est un rayon de lumière naturelle, on constate que les rayons IO et IE sont des rayons de lumière polarisée. Les vibrations du rayon ordinaire sont perpendiculaires au plan ABA′ B′ et les vibrations du rayon extraordinaire sont parallèles à ce plan. Il faut noter que les vibrations des rayons O et E sont incohérentes parce qu'elles proviennent de la lumière naturelle et ne peuvent donner lieu à des phénomènes d'interférences.

Considérons la figure 79 : un objet transparent A comportant une petite variation d'épaisseur est éclairé en faisceau parallèle. L'onde incidente est une onde plane qui devient l'onde Σ après traversée de l'objet transparent. L'onde Σ est légèrement déformée, car dans la région A moins épaisse, l'onde est en avance. Le faisceau lumineux traverse ensuite un rhomboèdre

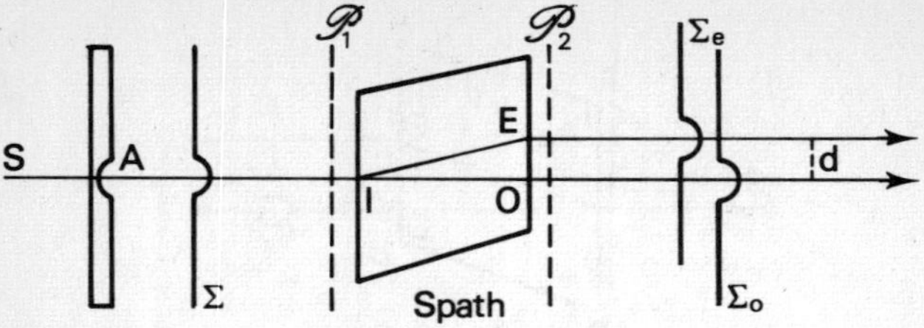

Fig. 79
Principe du contraste interférentiel

de spath analogue à celui de la figure 78. Un rayon incident est dédoublé en deux rayons IO et IE donc à la sortie du rhomboèdre on a deux ondes Σ_0 et Σ_e décalées l'une par rapport à l'autre de *d*. Comme on l'a déjà dit, ces deux ondes sont incohérentes et ne peuvent interférer. Pour qu'il y ait des interférences, on montre qu'il faut placer un polariseur $\mathscr{P}_1$ avant le rhomboèdre et un autre $\mathscr{P}_2$ après le rhomboèdre. Supposons que le décalage latéral *d* de ces deux ondes Σ_0 et Σ_e soit petit par rapport à la variation d'épaisseur en A qui constitue le détail transparent à observer. Ces deux ondes ont la disposition de la figure 80. Dans les régions non déformées la distance entre les deux ondes est Δ. Dans les régions où la pente des ondes est α la distance entre les deux ondes n'est plus Δ : elle augmente (ou diminue) d'une quantité proportionnelle à la pente α. Ceci veut dire que par suite des interférences des deux ondes Σ_0 et Σ_e, l'intensité lumineuse n'est pas la

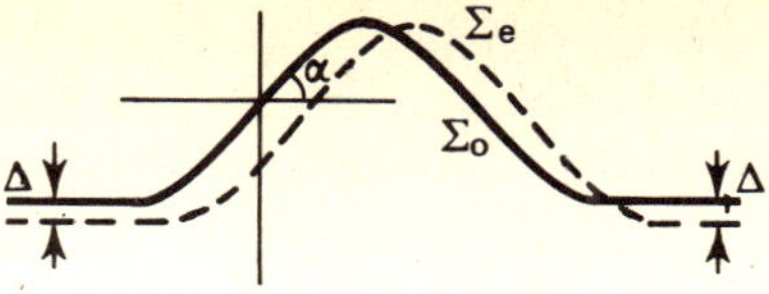

Fig. 80

L'objet transparent est vu par ses pentes

même dans les régions planes et dans les régions où la pente n'est pas nulle. L'objet transparent est vu par ses pentes. Si le décalage *d* des deux ondes est très petit, de l'ordre de grandeur de la limite de séparation du système d'observation, il n'est pas gênant. On a l'habitude d'appeler cette méthode la méthode du « contraste interférentiel ». Elle donne d'excellentes images en microscopie et est utilisée pratiquement dans tous les laboratoires utilisant des microscopes. La figure 79 pourrait paraître incomplète en la comparant à la figure 65. En fait, les deux rayons E et O sont presque superposés et ils interfèrent après traversée du deuxième polariseur $\mathscr{P}_2$. La figure 81 montre le schéma de principe d'un microscope à contraste interférentiel. Le système biréfringent W_1 produisant un faible dédoublement, est placé après l'objectif O. Utilisé seul, le système W_1 devrait être éclairé en faisceau parallèle comme le montre la figure 79. Ceci veut dire que le diaphragme du condenseur doit être réduit le plus possible, ce qui nuit à la qualité des images. Pour éviter cet inconvénient, on place un deuxième système biréfringent W_2

sous le condenseur. On montre que le biréfringent W_2 permet d'utiliser l'ouverture normale du condenseur. Il faut alors placer le premier polariseur avant W_2

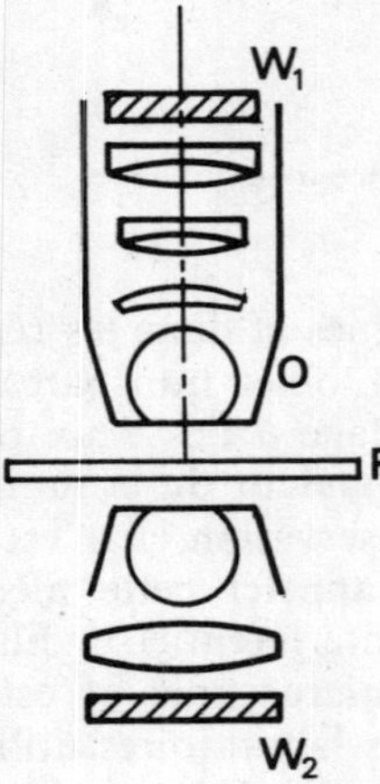

Fig. 81

Localisation des systèmes biréfringents dans un microscope à contraste interférentiel

et le deuxième polariseur après W_1 de façon que W_1 et W_2 soient entre les deux polariseurs.

Sur la figure 81, nous n'avons pas précisé la nature des systèmes biréfringents. Il existe en effet des systèmes variés plus ou moins compliqués et qui sont utilisables en lumière blanche.

CHAPITRE VI

TECHNIQUES SPÉCIALES EN MICROSCOPIE

I. — **Utilisation en microscopie d'un équipement vidéo**

Les techniques vidéo sont applicables à la microscopie principalement parce qu'elles facilitent le traitement d'images. La figure 82 montre un microscope équipé d'une caméra de télévision avec son électronique. L'image fournie par le microscope est reçue par la caméra vidéo dont le signal permet d'observer l'image à étudier sur un écran de télévision. Le signal vidéo est ensuite envoyé dans un système électronique de traitement d'image suivi d'un deuxième écran de télévision où l'image traitée apparaît. Eventuellement, le signal vidéo peut être envoyé après traitement dans un enregistreur sur bande magnétique. Le système a plusieurs avantages. Il y a d'abord l'aspect confort de l'observation, car la vision binoculaire directe dans le microscope est très fa-

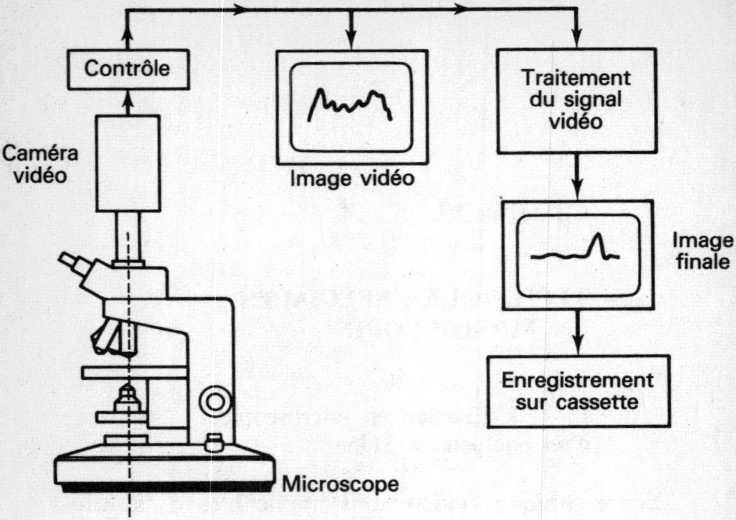

Fig. 82
Microscope avec un équipement vidéo

tigante à la longue, ce qui n'est pas le cas lorsqu'on observe un simple écran. Par ailleurs, l'intervention de l'électronique permet une foule d'opérations qu'il ne serait pas possible de réaliser autrement. Voici quelques exemples de traitements d'images :

a) amélioration du contraste des images. On peut l'obtenir en amplifiant le signal vidéo et en changeant le niveau de noir ;

b) mise en mémoire des images sur bande magnétique et leur restitution ensuite à volonté sur l'écran de télévision ;
c) images moyennées par une fonction exponentielle en vue d'améliorer le rapport signal sur bruit ;
d) soustraction de deux images pour faire apparaître les changements qui sont intervenus entre les enregistrements de ces deux images ;
e) mesure des intensités en différents points de l'image, par exemple, le long d'une ligne traversant l'image.

Ces quelques exemples montrent les avantages obtenus par l'application de l'électronique à la microscopie. On peut dire réellement que l'électronique ouvre une ère nouvelle en microscopie. Mais bien entendu, la limite de séparation du microscope reste limitée par la longueur d'onde de la lumière.

II. — **Microscope à balayage optique**

Au lieu de balayer électroniquement l'image d'une préparation par une caméra vidéo comme on vient de le voir, il est possible de construire une image en éclairant la préparation point par point. Tel est le but du microscope à balayage optique. Il trouve sa justification par la facilité avec laquelle on peut traiter les images. Le microscope à balayage électronique et le microscope à balayage optique ont chacun leurs avantages et leurs inconvénients. La méthode du balayage optique est plus lourde à mettre en œuvre que la méthode du balayage électronique, c'est pourquoi le microscope à balayage optique a été détrôné par le microscope à balayage électronique. Mais grâce au développement des objectifs de microscope à champ plan de plus en plus grand, le microscope à balayage optique retrouve un regain d'intérêt certain.

Le principe d'un microscope à balayage optique peut être celui de la figure 83. Le faisceau lumineux issu d'un laser est focalisé par l'oculaire O_c dans le plan P' conjugué du plan P de la préparation à tra-

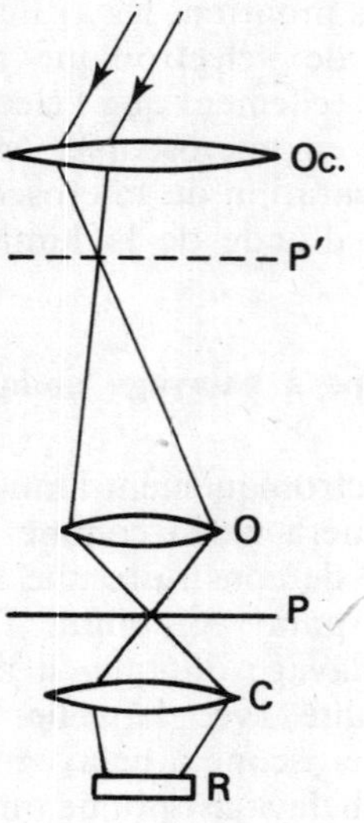

Fig. 83
Principe d'un microscope à balayage optique

vers l'objectif O du microscope. Grâce à un déflecteur non représenté sur la figure 83, on peut modifier l'orientation du faisceau incident de façon à balayer tous les points de la préparation qui sont dans le champ de l'objectif. En principe, le point lumineux obtenu dans le plan de la préparation P est la tache de diffraction théorique puisque le microscope est bien corrigé. En effet, si on éclaire le microscope par un point lumineux en P, le microscope étant corrigé pour donner à la sortie de l'oculaire un faisceau de rayons parallèles, on peut éclairer le microscope en sens inverse par un faisceau de rayons parallèles et obtenir en P une image parfaitement corrigée, c'est-à-dire la tache de diffraction théorique. La préparation P est ainsi éclairée point par point par une tache de diffraction qui est le plus petit spot lumineux qu'il soit possible d'obtenir. On est alors dans les meilleures conditions pour faire l'analyse de la préparation P. Un faisceau laser convient donc particulièrement bien dans ce type de technique. Un récepteur R, par exemple une photodiode, reçoit le faisceau lumineux après traversée du condenseur. Le signal émis est utilisé pour moduler l'intensité du faisceau d'électrons du tube d'un écran de télévision. En synchronisant le balayage électronique du tube avec celui du système de réflexion, on obtient une image de la préparation sur l'écran de télévision. Le balayage du plan P', c'est-à-dire en fin de compte de la préparation P, est réalisé en modifiant l'orientation du faisceau incident par un dispositif quelconque, par exemple par deux miroirs oscillants. On peut noter que la préparation étant éclairée point par point, l'image obtenue est une image en éclairage parfaitement incohérent qui est en principe le meilleur éclairage.

III. — Le microscope holographique

Considérons l'expérience de la figure 84. Un objet P est éclairé par un faisceau de rayons parallèles provenant d'un laser et, sous l'action de ce faisceau, un point A diffracte de la lumière. Une plaque photographique H reçoit ces deux faisceaux qui interfèrent dans le plan de la plaque photographique. Par

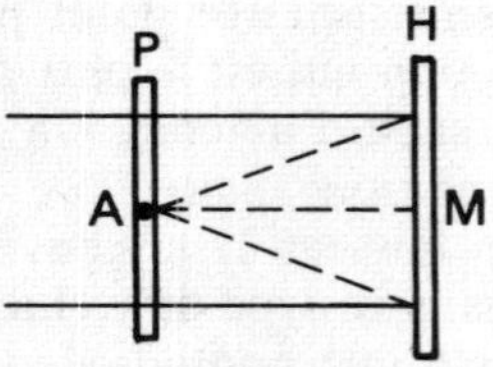

Fig. 84
Enregistrement de l'hologramme d'une préparation P

suite de la symétrie de révolution du dispositif, il est évident que les franges d'interférences sont des anneaux centrés sur le pied M de la perpendiculaire abaissée de A sur H. Suivant la configuration de l'expérience, le nombre des anneaux peut être très grand et il faut une émulsion photographique à haute résolution et une lumière bien monochromatique.

D'où l'utilisation d'un laser comme source lumineuse. Après développement, on éclaire la plaque H (appelée hologramme) par un faisceau de rayons parallèles (fig. 85). L'expérience montre que le réseau de franges circulaires enregistré sur H produit deux faisceaux de lumière diffractée : le faisceau (1) et le

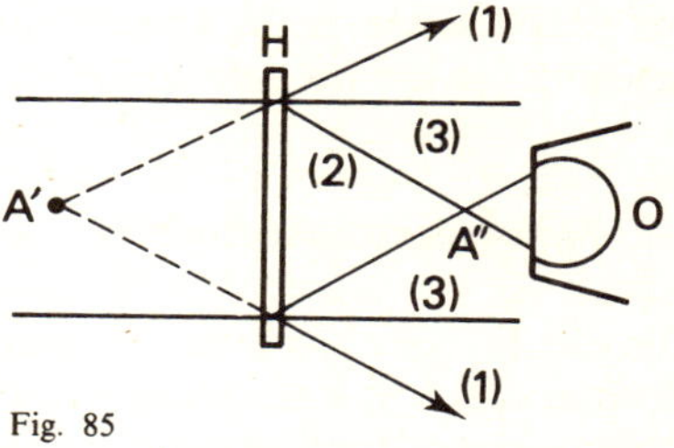

Fig. 85
Principe d'un microscope holographique

faisceau (2). Le faisceau (1) diverge à partir de H et semble provenir du point A′, image virtuelle de A. Le faisceau (2) converge à partir de H et donne en A″ une image réelle de A. Les deux images A′ et A″ sont à la même distance de H que le point A. Aux deux faisceaux (1) et (2) il faut ajouter le faisceau (3) qui traverse simplement la plaque H.

Mais le point A n'est pas un point particulier. Tous les autres points de la préparation dans l'espace à trois dimensions seront reconstitués de la même façon. Par conséquent, en déplaçant le microscope longitudinalement et latéralement, on peut examiner l'image en trois dimensions de la préparation. Comme la figure 85 le montre, il y a aussi une image virtuelle de la préparation, mais elle n'est pas au point et ne gêne pas l'observation. Cette méthode a été utilisée notamment pour examiner les traces des particules dans les chambres à bulles. L'application de l'holographie à la microscopie n'est pas limitée au seul schéma de la figure 85. Il existe d'autres montages possibles, mais tous concourent à obtenir une image en trois dimensions de la préparation.

IV. — **Microspectrophotométrie**

L'application de la spectrométrie en microscopie donne des informations très intéressantes sur la constitution des préparations. Le spectre d'un détail permet de déceler la présence d'une substance et de l'étudier. En général, on fait de la spectroscopie d'absorption, c'est-à-dire que l'on détermine l'absorption de l'échantillon en fonction de la longueur d'onde. Le microscope est éclairé par une source qui émet de la lumière monochromatique de longueur d'onde variable et on mesure l'absorption du détail pour chaque longueur d'onde. Cette absorption peut être mesurée si l'on connaît la répartition spectrale de l'énergie lumineuse émise par la source. Cela n'est pas nécessaire si on utilise comme référence une partie A de la lumière émise par la source qui ne passe pas dans la préparation. Le rapport A/B donne l'absorption de la préparation pour la longueur d'onde utilisée.

Avec des modifications convenables, le dispositif

vidéo de la figure 82 peut être utilisé pour faire de la microspectrophotométrie. Le microscope étant éclairé par un laser accordable ou un monochromateur, une partie de la lumière passe dans le microscope et l'autre partie va directement dans la caméra vidéo. L'électronique du dispositif permet alors d'obtenir l'absorption du détail étudié ou par exemple le profil d'absorption correspondant à l'analyse de tous les détails d'une ligne de la préparation. En changeant la longueur d'onde, on étudie les variations de la courbe qui apparaît sur l'écran de télévision.

Le microscope à balayage optique convient particulièrement bien aux mesures spectrophotométriques en utilisant un laser accordable. En balayant une ligne, on obtient comme précédemment la courbe d'absorption des détails situés le long de cette ligne et pour une longueur d'onde donnée.

Dans ce qui précède, nous avons parlé de la microspectrophotométrie d'absorption mais il existe des cas où l'on fait de la spectrophotométrie d'émission, par exemple en microscopie de fluorescence. On sait que sous l'effet d'une radiation ultraviolette, un corps fluorescent émet de la lumière visible. Il peut y avoir émission de lumière visible sous l'action seule de la lumière ultraviolette, mais on étudie aussi la fluorescence de substances qui sont imprégnées d'une solution fluorescente. Parce que la lumière émise par fluorescence se situe dans le domaine visible, les éléments optiques situés après la préparation dans le sens de la lumière peuvent être faits en verre. Il n'en est pas de même des éléments optiques situés avant la préparation. Il faut noter que beaucoup de substances biologiques sont fluorescentes sous l'action de longueurs d'onde voisines de 3 650 Å pour lesquelles les verres sont transparents. Les microscopes ordinaires peuvent donc être utilisés. Le dispositif vidéo de la figure 82 est utilisable pour faire de la microspectrophotométrie de fluorescence. On doit remplacer le condenseur du microscope par un condenseur à fond noir de façon que seule la lumière de fluorescence pénètre dans le microscope. Le microscope à balayage optique s'adapte également pour faire de la spectrophotométrie de fluorescence.

TABLE DES MATIÈRES

TABLE DES MATIÈRES

Imprimé en France
Imprimerie des Presses Universitaires de France
73, avenue Ronsard, 41100 Vendôme
Mai 1988 — N° 33 442